吃不胖的魔法甜点

[日] 铃木沙织 著　　罗晓筠 译

中国轻工业出版社

大家好，初次见面，我是瘦身美食研究家铃木沙织。
其实，我原来的体重可是97千克呢！
原来只能穿遮挡体型的衣服……
沉重
我有公开过去的照片，请大家看一看！接下来聊聊，为什么我能瘦掉50千克？
我的婶婶以前是西点师。
婶婶
点心做好了哦！
哇，好香啊。
我
弟
我从小就在手工点心的包围下长大。
跟点心相关的回忆有好多。
以前是西点师的婶婶。
玛德琳
做饭不太好（？）的妈妈。
蒸蛋糕
苹果派
奶奶擅长做的点心是一种叫做"炸米"的山形县点心。
（把剩饭晾干，用油炸香后加入砂糖、酱油搅拌调味后制成）
小时候，我因为生病经常住院。
看上去好好吃……
ゴクッ
被限制饮食所以不能吃。
妈妈和婶婶会为了我，在点心上下功夫。
用豆乳做奶油……
相似度一模一样……
真是太感激了！
我就那样度过了美好的童年时代。
我经常会跑到当西点师的婶婶家里去。
我还是新婚呢，不用每天都来吧……
婶婶我想做点心。
不懂得看气氛

※山〇面包，指日本知名烘焙品牌山崎面包。——译者注

※日本的体检报告通常以英文字母为等级划分体检人的综合情况：A是无异常，B是无须过于担心的轻度异常，C是需要观察并复查，D是需要复查并接受治疗。字母顺序越往后，问题越严重。——译者注

我一边去健身房运动，一边慢慢地把一日三餐改变成控制糖分摄入的菜单。
挤满酱
以前
膳食均衡
油炸食品
现在
在别人教我的低糖配方上，我做了各种各样的尝试，努力让它变得更美味。在不同的尝试中，渐渐感受到了下厨的乐趣。
揉啊揉啊
稍微加一点调料试试看吧。
后来
体重变成47千克！
这是谁啊？
苗条
然后我开始把低糖、低热量的配方，发布到社交网络上……
这次做得真不错！
咔嚓
嗯……
即使在减肥，也好想吃甜点……
对了！
那就不断地去研究低糖、低热量的原创甜点吧！
既不想戒掉最喜欢的甜点，又想保持身材……
我从小时候开始就很喜欢做甜点了。
再次跑去了西点师婶婶的家。
教教我嘛。
配食方谱
让我想起了以前……
好的，知道了。
一个接着一个，
豆渣粉和黄豆粉的吸水性为……
不断地尝试做甜点。
这里改成这样如何？
低糖、低热量的甜点做好啦！
当～当～
大家请吃！

从97千克到47千克

我的 瘦身变化图

我的体重经历了从51千克到最高97千克再到47千克的变化。
连同瘦身前后的照片一起展示给大家。

瘦身前

22~23岁

24~25岁

体重（千克） 97千克

尝试了替换饮食等方法，成功减重。

但是，不合理的减重，最终导致了反弹。

开始主动地在饮食上做到控糖、控油。成功把体重减到了74千克。

最高体重达到97千克。因为当时讨厌称体重，也有怀疑过实际是不是比这还重。总之，按照记录下来的数据，最高体重是97千克。

体检结果再次被评为D级。医生第2次发出了“英年早逝”的警告。

工作压力大引发暴食，导致体重暴增

想着也得好好运动一下，所以办了健身房会员。健身房有隔间，运动的时候不用在意自己肥胖的身姿，这一点是我办会员的决定性因素。

高血脂、糖尿病“预备军”。被医生宣告“再这样下去，会死的哦”！体重超标对关节也造成了负担，变形性骨关节炎有所恶化。

100 80 60 40 20 0

20 21 22 23 24 25 26 27 28 29 30

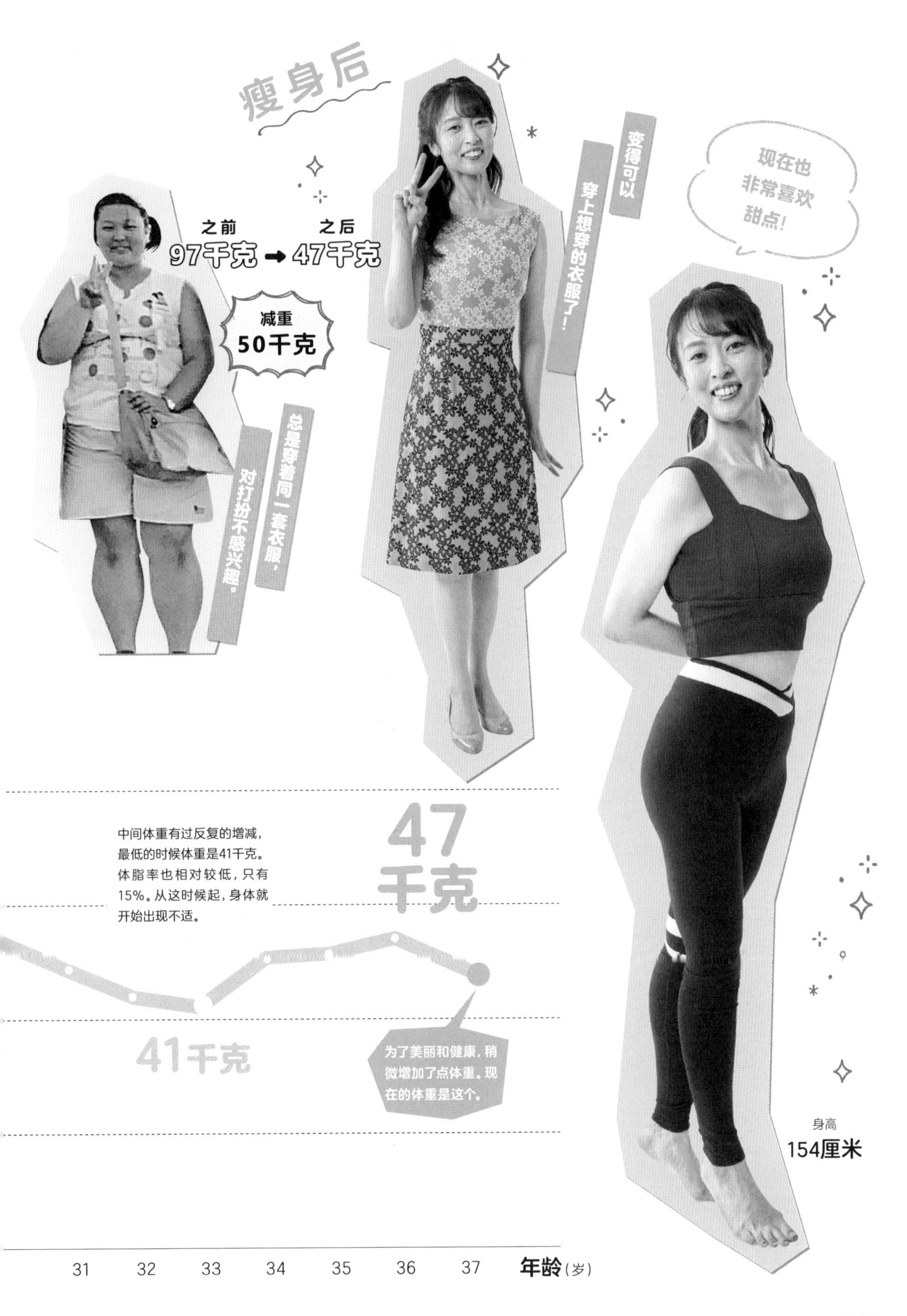

瘦身后
之前
97千克 ➡ 47千克
之后
减重
50千克
总是穿着同一套衣服，
对打扮不感兴趣。
变得可以
穿上想穿的衣服了！
现在也
非常喜欢
甜点！
47
千克
中间体重有过反复的增减，
最低的时候体重是41千克。
体脂率也相对较低，只有
15%。从这时候起，身体就
开始出现不适。
41千克
为了美丽和健康，稍
微增加了点体重。现
在的体重是这个。
身高
154厘米
31
32
33
34
35
36
37
年龄（岁）

目录

PART 4 幸福的清凉甜点和咸味点心配方

清凉甜点

咸味点心

PART 5 无须烤箱的西式甜点配方

PART 6 讲究的日式甜点配方

做法简单又可爱！

低糖低热量
甜点小窍门

本书的配方中有大量小窍门，不管是谁都能简单制作出美味又可爱的瘦身甜点，
接下来给大家介绍一下。

小窍门 1

低糖低热量

为了让甜点做到低糖低热量，本书的配方组合运用了多种可替代食材。本书收集的都是经过实际制作验证好吃的甜点配方。

小窍门 2

用少量步骤就能完成

本书的配方全都是在4个步骤以内就能完成的简单甜点。甜点的每个制作步骤都配了相应图片介绍，看着图片，无论是谁都能零失败地放心制作。

小窍门 3

所有配方都没有使用到烤箱

本书所有甜点，连蛋糕都没有使用烤箱制作，只需微波炉、烤面包机、电饭煲就能制作。因为没有使用容易出错的烤箱，很轻松就能完成。

小窍门 4

配方的所有做法都很容易

本书不仅记载了可以制作出完美面团的“直接法”（第74页）等方法，分量上也清晰地标注了大勺小勺，本书旨在让任何人都能轻松完成制作。

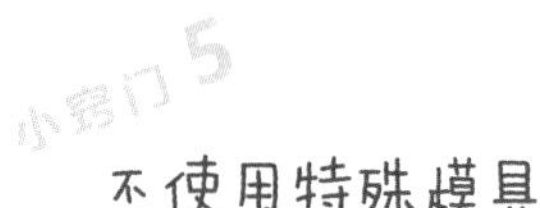

不使用特殊模具

本书的配方不需要使用专门的烘焙模具。用耐热碗、牛奶盒以及在十元店就能买到的模具等就能制作，不需要特别去准备什么东西。

瘦身的好帮手！

低糖低热量食材推荐

下面是在本书的配方中出现过的、为了达成低糖低热量效果所必不可少的食材。
不仅能够代替面粉、砂糖等材料，使用起来也非常方便。

代替面粉！

豆渣粉

为了减少糖分，可以用豆渣粉来代替面粉。制作甜点时，推荐使用颗粒更细一点的豆渣粉。不同厂家品牌的豆渣粉吸水性不一样，使用时请注意调整水的分量。

代替砂糖！

乐甘健S代糖

零热量的甜味剂。对减少糖分很有帮助。因为使用了天然甜味成分赤藓糖醇以及罗汉果的高纯度精华，所以甜度非常接近砂糖。可以用同等分量的乐甘健S代糖代替砂糖，使用起来十分方便。如果使用其他甜味剂，请按个人喜好去调整使用量即可。

代替生奶油或者芝士！

希腊酸奶（无糖）

希腊酸奶蛋白质含量高，但热量却很低，对减少热量有很大的帮助。无糖型希腊酸奶所含糖分更少，所以更推荐无糖型。如果没有希腊酸奶的话，用滤去水分的酸奶来代替也可以。

代替牛奶！

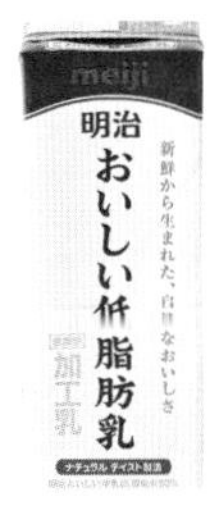

低脂奶

牛奶的主要成分有蛋白质、钙和脂肪。把主要成分中的脂肪含量降低到一定程度的牛奶就是低脂奶，对减少热量很有帮助。没有的话，也可以用纯豆乳或者杏仁奶（无糖）来代替。

代替牛奶巧克力！

高可可含量的巧克力

巧克力的原材料是可可，可可含量在70%以上的巧克力就是高可可含量的巧克力。这种巧克力的砂糖含量比一般的巧克力都要少，对减少糖分很有帮助。本书的配方中主要使用的巧克力是可可含量为72%和85%的高可可含量的巧克力。

其他的低糖食材

低糖果酱

低糖冰激凌

低糖麸皮面包

低糖吐司面包

低糖低热量甜点大集合！

全都是品种丰富、可爱又美味的甜点

给大家介绍一下书中各章节出现的一些甜点。
蛋糕、巧克力点心、咸味点心等，各种各样的点心都能做！

推荐的甜点配方

奶油蛋糕
含糖量3.5克/热量123千卡

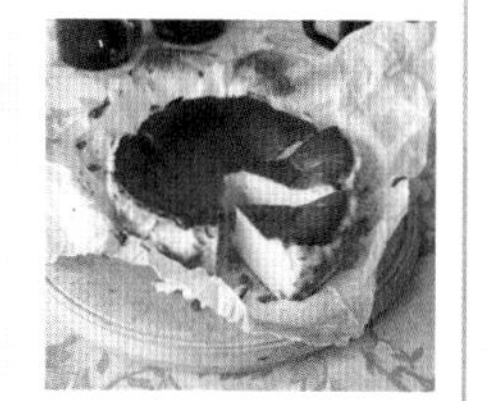

巴斯克芝士蛋糕
含糖量6.2克/热量147千卡

人气巧克力配方

古典巧克力蛋糕
含糖量1.3克/热量62千卡

经典巧克力甜甜圈
含糖量2.0克/热量121千卡

诱人的蛋糕配方

法式苹果挞
含糖量8.4克/热量60千卡

周末柠檬磅蛋糕
含糖量5.1克/热量85千卡

幸福的清凉甜点和咸味点心配方

布丁
含糖量7.3克/热量80千卡

薯片
含糖量2.3克/热量19千卡

无须烤箱的西式甜点配方

奶油泡芙
含糖量1.3克/热量112千卡

烤甜薯
含糖量7.7克/热量62千卡

讲究的日式甜点配方

铜锣烧
含糖量7.1克/热量80千卡

御手洗团子
含糖量8.0克/热量54千卡

灵活运用原本家里就有的东西！

本书所使用的模具

即使要制作的甜点种类丰富，也不需要使用特别的模具。
用家里本来就有的东西或者10元店里买到的模具，就可以轻松开始制作。

☑ 直径15厘米的耐热碗

☑ 500毫升的圆柱形带盖耐热容器

☑ 400毫升的长方形带盖耐热容器

☑ 铝箔纸材质磅蛋糕模具
（长度13.5厘米×宽度8.5厘米×高度4.3厘米）

☑ 12厘米圆形蛋糕模具（4号）

☑ 椭圆形铝箔纸杯
（长度8.8厘米×宽度4.3厘米×高度2.3厘米）

※只有薄款的话，可以把2个套在一起使用。

☑ 厚款铝箔锡纸杯（6号）

☑ 硅胶蛋糕杯模具（8号）

☑ 容量100毫升的耐热布丁杯
（装满为150毫升）

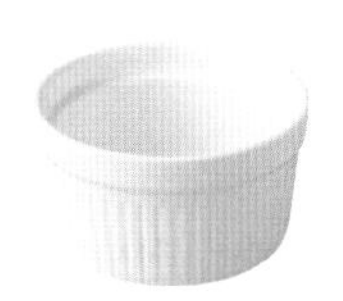

☑ 直径7.5厘米的烤碗

☑ 纸质戚风蛋糕模具
（直径12厘米 4号）

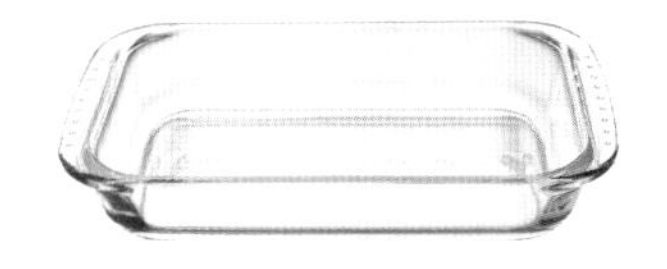

☑ 长方形的焗饭烤盘或者耐热容器
（约长度25厘米×宽度15厘米×高度4厘米）

※在日本的蛋糕烘焙中，不同的数字号码代表不同的蛋糕模具直径，3号为直径9厘米，4号为直径12厘米，5号为直径15厘米，6号为直径18厘米，7号为直径21厘米，8号为直径24厘米。蛋糕杯模具同理，5号为底边3.5厘米、高2厘米，6号为底边4厘米、高2.5厘米，7号为底边4.5厘米、高3厘米，8号为底边5厘米、高3.5厘米，9号为底边5.5厘米、高3.6厘米。——译者注

接下来将向大家介绍如何阅读本书上的配方、烹饪时的小窍门等重要信息。

使用的烹饪工具

这里展示了能够让制作变得更轻松的电饭煲、微波炉、烤面包机等工具。

存放时间

这里展示了常温、冷藏、冷冻等不同存储情况下，甜点可以存放的时间。

配方花絮

甜点诞生的契机以及试做时的辛劳都被整理成了小花絮，以漫画的形式放在这里。

不用油也不用面粉，所以非常健康·电饭煲就能做的快乐甜点

台湾古早蛋糕

(1/9个)
含糖量 1.1克
热量 61千卡
脂肪 4.4克/蛋白质 4.7克

016

用电饭煲就能做!
2天 冷藏 3天 冷冻 2周

材料 (1升电饭煲·1个)

A 蛋清……5个
甜味剂
(这里用的是代糖)……5大勺

B 低脂奶……7大勺
豆渣粉……5大勺
蛋黄……5个
香草精
(有的话可加)……适量

做法

1 把A的所有材料放进碗里打发，直到可以拉出小尖角。

2 在另一个碗里放入B的所有材料，一直搅拌至顺滑状态。分两次加入第1步打发的蛋白霜，将它们迅速地混合在一起。

3 把混合好的材料倒入电饭煲的内胆里，之后将内胆"咚咚"地落下几次，排出空气。选择正常的煮饭模式，煮好后再启动保温模式1小时。

4 等余热散去后，用手轻轻地把蛋糕和内胆侧壁分开，把内胆反扣在一个大一点的碟子上取出蛋糕。

小窍门

- 手动打发蛋白霜时，先把蛋清放到冰箱里冷冻10~15分钟以后再打发，或者是把蛋清放入保鲜袋中，然后保持袋内充满空气并封口后摇动，这样可以更容易地打发。
- 电饭煲的内胆是经过表面处理的，而且鸡蛋本身也含有油，所以即使不在电饭煲内胆上涂油也是可以的。
- 判断烘烤完成的标准是，拿竹签在蛋糕中间扎一下，如果竹签上没有沾上东西就是已经烤好了。
- 由于机型不同，有的电饭煲是不能连续烧饭的，所以配方是按照一般的煮饭到保温的顺序来进行。

017

营养素

这里标注了所介绍甜点的含糖量、热量、脂肪和蛋白质。

小窍门

这里介绍了制作甜点的注意事项、可替换食材、制作秘诀等信息。

关于配方的标注

- 在计量单位方面：1小勺=5毫升、1大勺=15毫升。
- 关于本书所使用的食材：鸡蛋采用的是中等大小、1个净重量为50克（蛋黄20克，蛋清30克）左右的鸡蛋；生奶油采用的是动物性奶油。
- 本书记载的微波炉加热时间是依据600瓦功率的微波炉所得出（500瓦的微波炉请在此基础上乘以1.2倍），而烤面包机的加热时间则是依据1000瓦功率所得。制造商不同、机型不同都会对加热时间有所影响，请根据制作时的实际情况进行调节。
- 书中的营养数据全部以《日本食品成分标准表2020（第8版）》的数据为基础所计算得出的。

PART 1

推荐的甜点配方

从引起话题的甜点和社交平台上
获得很多喜欢的甜点中，
精选了想要推荐给大家的甜点。
为了方便制作，每个制作步骤都配了相应的图片，
请大家一定要试着去做一做自己喜欢的甜点。

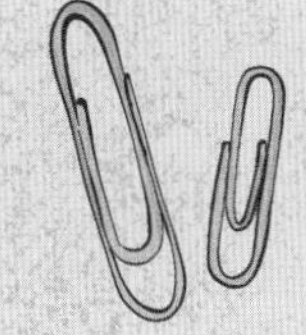

不用油也不用面粉，所以非常健康。
电饭煲就能做的快乐甜点

台湾古早蛋糕

（1/9个）

☑含糖量　1.1克

☑热量　61千卡

脂肪 4.4克/蛋白质 4.7克

材料 （1升电饭煲·1个）

A
- 蛋清 ························5个
- 甜味剂（这里用的是代糖）····5大勺

B
- 低脂奶 ················· 7大勺
- 豆渣粉 ················· 5大勺
- 蛋黄 ························5个
- 香草精（有的话可加）··········· 适量

做法

1

把**A**的所有材料放进碗里打发，直到可以拉出小尖角。

2

在另一个碗里放入**B**的所有材料，一直搅拌至顺滑状态。分两次加入第1步打发的蛋白霜，将它们迅速地混合在一起。

3

把混合好的材料倒入电饭煲的内胆里，之后将内胆“咚咚”地落下几次，排出空气。选择正常的煮饭模式，煮好后再启动保温模式1小时。

4

等余热散去后，用手轻轻地把蛋糕和内胆侧壁分开，把内胆反扣在一个大一点的碟子上取出蛋糕。

配方花絮

小窍门

- ★ 手动打发蛋白霜时，先把蛋清放到冰箱里冷冻10~15分钟以后再打发，或者是把蛋清放入保鲜袋中，然后保持袋内充满空气并封口后摇动，这样可以更容易地打发。
- ★ 电饭煲的内胆是经过表面处理的，而且鸡蛋本身也含有油，所以即使不在电饭煲内胆上涂油也是可以的。
- ★ 判断烘烤完成的标准是，拿竹签在蛋糕中间扎一下，如果竹签上没有沾上东西就是已经烤好了。
- ★ 由于机型不同，有的电饭煲是不能连续烧饭的，所以配方是按照一般的煮饭到保温的顺序来进行。

用豆渣粉做原料，
打造低糖配方

奶油蛋糕

（1/4个）
☑含糖量 3.5克
☑热量 123千卡

脂肪 11.2克/蛋白质 2.6克

材料（500毫升圆形带盖耐热容器·1个）

海绵蛋糕
- 鸡蛋……………………1个
- 低脂奶、豆渣粉‥各1大勺
- 甜味剂（这里用的是代糖）……2小勺
- 泡打粉……………1/2小勺

奶油
- 生奶油……………6大勺
- 甜味剂（这里用的是代糖）……1大勺
- 柠檬汁…………………1小勺

草莓（蛋糕夹层用·去蒂后对半切开）………………4个

表面装饰
- 草莓（装饰用·对半切开）……3个

做法

1. 把海绵蛋糕的材料放进耐热容器里充分搅拌，之后让容器“咚咚”地落下几次排出空气，排完后不用包裹保鲜膜，直接放进微波炉里加热2分钟，取出后倒扣脱膜。

2. 把奶油的材料放进碗里打发，做出能拉出小尖角的奶油内馅。

3. 把第1步做好的海绵蛋糕横切一半，在第2步打发好的奶油中，用勺子取1/4涂到蛋糕上并放入做夹层用的草莓，再取1/4的打发奶油涂上，然后把另一半的蛋糕放上去。

4. 把剩余的奶油抹在蛋糕的上面和侧面，再把装饰用的草莓放到上面。

配方花絮

小窍门

- 在生奶油里加入柠檬汁，蛋白质就会凝固，一瞬间就能把奶油内馅做好。
- 海绵蛋糕是用“直接法”制作的。“直接法”是一种一次性加入所有材料的搅拌方法。因为使用的是很细的豆渣粉，所以不用过筛，非常方便。
- 切蛋糕时，只要把刀用热水加热一下，轻轻擦干后再切，就能切出漂亮的断面。

（1/4个）

☑含糖量 6.2克

☑热量 147千卡

脂肪 12.4克/蛋白质 4.5克

为了既能控制糖分，又能享受到口感，
所以使用了低糖香草冰激凌、蜂蜜和马铃薯淀粉

巴斯克芝士蛋糕

配方花絮

用烤面包机就能做！

材料 （12厘米圆形4号蛋糕模具·1个）

※用焗饭烤盘或者烤碗分成几份放进去也可以。

A
- 奶油奶酪……1/2盒（100克）
- 低糖香草冰激凌……1个（120毫升）

B
- 鸡蛋……1个
- 无糖希腊酸奶……1盒（100克）
- 马铃薯淀粉……2小勺
- 蜂蜜……1小勺

做法

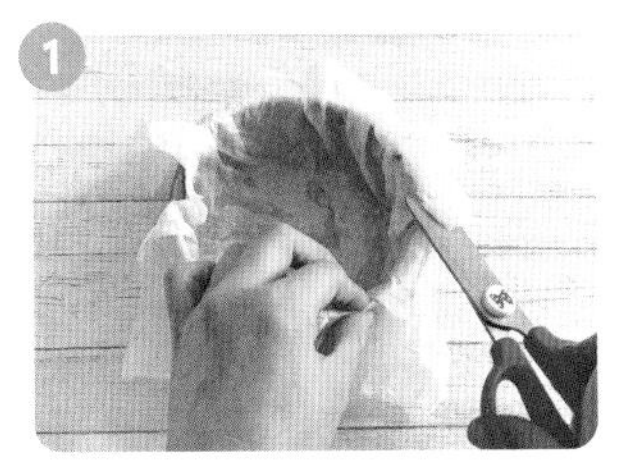

1. 把打湿的油纸铺入模具中，剪掉超出模具的多余部分。

2. 在耐热碗里放入**A**的所有材料，不用包裹保鲜膜，直接放进微波炉里加热1分钟。加热后进行搅拌，然后再加入**B**的所有材料一起搅拌好。

3. 把材料倒入第1步准备的模具里，放进烤面包机里烤30~40分钟，直到表面达到自己喜欢的焦煳程度，放凉后放入冰箱冷藏2小时以上。

- ☆ 超出模具的油纸有可能会被引燃，请把多余的油纸去除掉，不要让油纸超出模具。
- ☆ 如果家里有榨汁机或者破壁料理机，可以把所有材料一口气放入机器里搅拌，如此一来制作就会变得更简单。
- ☆ 可以把香草冰激凌、蜂蜜换成自己喜欢的甜味剂。如果是不含砂糖或者是0糖分的甜味剂，请把分量调整为3大勺。
- ☆ 使用马铃薯淀粉是为了增添口感，也可以省略不用。

松松软软的海绵蛋糕，
满满的奶油，缔造出高级的味道

瑞士卷蛋糕

（1/6个）
☑含糖量 7.5克
☑热量 120千卡

脂肪 8.5克/蛋白质 3.3克

用微波炉就能做！

存放时间 冷藏 1天

材料

〔长方形的焗饭烤盘或耐热容器（约25厘米长、15厘米宽、4厘米高）·1个〕

奶油内馅
- 生奶油……………… 4大勺
- 甜味剂（这里用的是代糖）…… 2小勺
- 柠檬汁…………… 1/2小勺

蛋糕面团
- 鸡蛋……………………2个
- 低脂奶……………… 4大勺
- 豆渣粉……………… 3大勺
- 蜂蜜 ……………… 2大勺
- 色拉油……………… 1大勺
- 泡打粉………………1小勺

做法

1 把做奶油内馅的材料倒进碗里，打发做出可以拉出小尖角的奶油内馅。

2 在另一个碗里放入蛋糕面团的材料并充分搅拌。

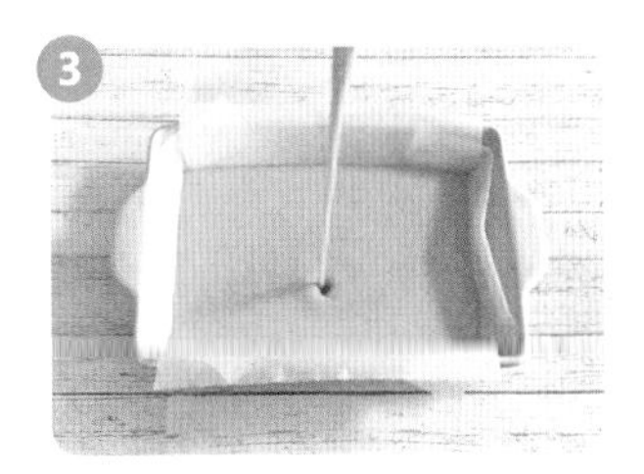

3 把第2步的材料倒进铺好油纸的焗饭烤盘里，轻轻覆盖上一层保鲜膜，放入微波炉里加热4~5分钟。然后从容器里取出来，散热放凉。

4 在第3步做好的蛋糕坯上涂抹第1步做好的内馅，沿着纵向方向，将两端对齐合上，然后快速地从一头开始卷起，卷起后用保鲜膜包裹放进冰箱冰冻1小时。

配方花絮

小窍门

- ★ 往生奶油里添加柠檬汁，蛋白质就会凝固，一瞬间就能把鲜奶油内馅做好。
- ★ 豆渣粉做的蛋糕在卷的时候很容易裂开，添加色拉油和蜂蜜能使蛋糕更湿润，变得不容易裂开。如果在意热量或者糖分的话，请不要用油，然后把蜂蜜换成甜味剂。
- ★ 蛋糕面团是用“直接法”制作的。“直接法”是一种一次性加入所有材料的搅拌方法。因为使用的是很细的豆渣粉，所以不用过筛，非常方便。
- ★ 每切一次蛋糕，只要把刀用热水加热一下，轻轻擦干后再切，就能切出漂亮的断面。

不用榨汁机也不用裱花袋，
只用微波炉就能做好的简易蒙布朗

蒙布朗

用微波炉就能做！

存放时间

材料（直径15厘米的耐热碗·1个）

海绵蛋糕

- 鸡蛋……1个
- 低脂奶……4大勺
- 豆渣粉……3大勺
- 甜味剂（这里用的是代糖）……1大勺
- 泡打粉……1小勺

蒙布朗奶油

A
- 去皮栗子仁……20粒
- 水……6大勺

B
- 生奶油……4大勺
- 甜味剂（这里用的是代糖）……2小勺
- 朗姆酒……1小勺

去皮栗子仁（表面装饰）……3粒

（1/6个）
- ☑ 含糖量 9.4克
- ☑ 热量 109千卡

脂肪 5.8克/蛋白质 3.2克

做法

1

把海绵蛋糕的材料放进耐热碗里充分搅拌，让碗“咚咚”地落下几次排出空气，然后轻轻地覆盖一层保鲜膜，放入微波炉里加热3分钟。完成后，把碗倒扣取出蛋糕。

2

把**A**的材料放进耐热碗里，轻轻覆盖一层保鲜膜，放入微波炉里加热4分钟，完成后把碗里的水倒掉，用叉子等工具把栗子仁弄碎。

3

把**B**的材料放进另一个碗里，打发至8成发状态后，加入第2步的材料搅拌均匀。

4

把第1步做好的海绵蛋糕横切两半，从第3步打发好的奶油中取1/4涂抹在两块蛋糕之间，然后把剩余的奶油全涂在蛋糕上面和侧面，用叉子压出纹路，再用去皮的栗子仁做装饰。

小窍门

- ⋆ 海绵蛋糕是用“直接法”制作的。“直接法”是一种一次性加入所有材料的搅拌方法。因为使用的是很细的豆渣粉，所以不用过筛，非常方便。
- ⋆ 每切一次蛋糕，只要把刀用热水加热一下，轻轻擦干后再切，就能切出漂亮的断面。

用微波炉5分钟就能做好！
推荐在肚子饿的时候做来吃

巧克力熔岩蛋糕

用微波炉就能做！

存放时间
冷藏 3天
冷冻 2周

材料（直径7.5厘米的烤碗·2个）

A
- 鸡蛋……………………1个
- 低脂奶………………3大勺
- 甜味剂（这里用的是代糖）、豆渣粉、可可粉（无糖）……………………各1大勺

高可可含量的巧克力……2块

（1个）
- ☑含糖量 3.2克
- ☑热量 96千卡

脂肪6.6克/蛋白质5.9克

做法

1 把A的材料放入碗里充分搅拌。

2 将第1步搅拌好的液体倒入烤碗，然后把1块高可可含量的巧克力轻轻地插入中间。

3 不需要包裹保鲜膜，直接放进微波炉里加热1.5~2分钟。

＊第2步中的高可可含量的巧克力会由于自身重量而沉到碗中间，所以把它往中间轻轻一插就可以了。

不用砂糖也能做。
口感柔和、味道浓厚、令人上瘾的甜点

提拉米苏

材料（400毫升的长方形带盖耐热容器·4人份）

奶油奶酪………1/2盒（100克）
低糖香草
冰激凌……………1个（120毫升）
可可粉（无糖）………………适量

（1人份）
☑含糖量 3.6克
☑热量 120千卡
脂肪11.3克/蛋白质3.0克

做法

1 在耐热碗里放入奶油奶酪和低糖香草冰激凌，不用包裹保鲜膜，直接放进微波炉里加热1分钟，加热后不断搅拌直至变得顺滑。

2 将第1步搅拌好的液体倒入容器中，放到冰箱里冰冻2小时以上。

3 从冰箱中取出并撒上可可粉，用勺子舀起来放在碟子上盛好即可。

* 本配方用市面上贩卖的低糖香草冰激凌代替了甜味剂和鸡蛋等材料。
* 如果想进一步降低热量，用市面上贩卖的经过过滤的茅屋奶酪来制作也能做得好吃。

在容器里搅拌好后就可以直接拿去加热！
不需要用碗，要洗的东西也很少

奥利奥布朗尼

用微波炉
就能做！

存放时间

材料（400毫升的长方形带盖耐热容器·1个）

A
- 鸡蛋……………………1个
- 杏仁粉………………3大勺
- 甜味剂（这里用的是代糖）、低脂奶、可可粉（无糖）……………………各1大勺

奥利奥饼干…………………3块

（1/6个）
☑含糖量　4.1克
☑热量　60千卡

脂肪 3.8克/蛋白质 2.2克

做法

1 把**A**的材料放进耐热容器里充分搅拌，之后让容器“咚咚”地落下几次排出空气。

2 把奥利奥饼干掰开插进去放好，不用包裹保鲜膜，直接放微波炉里加热2分钟。

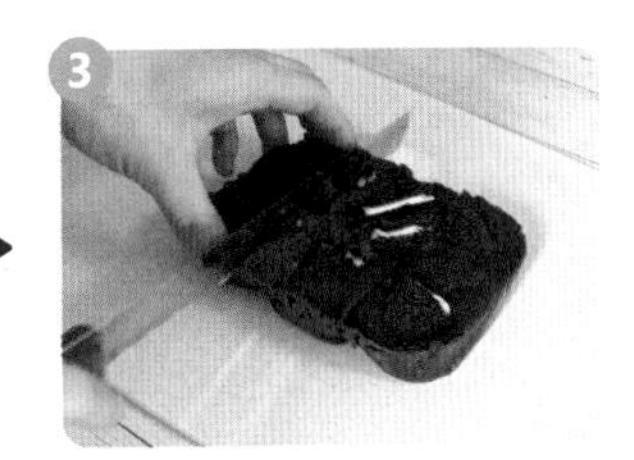

3 余热散去后就可以切了。

- ⭑容器的四个角落很容易出现没搅拌均匀的情况，搅拌的时候注意好好搅拌哦。
- ⭑可以把核桃碎等材料一起作为表面装饰放在上面，尽情享用美味吧。

南瓜的含糖量太高了，不敢吃……
可以满足“吃南瓜”愿望的蛋糕

南瓜磅蛋糕

用烤面包机就能做!

存放时间

材料 〔铝箔纸材质的磅蛋糕模具(13.5厘米长、8.5厘米宽、4.3厘米高)·1个〕

南瓜(小)
…………1/8个(去皮后净重130克)
南瓜籽仁(有的话可加)…… 适量
低脂奶 ……………………… 3大勺

A
- 鸡蛋 ………………………… 1个
- 豆渣粉 ……………… 4大勺
- 甜味剂(这里用的是代糖)
  ……………………………… 2大勺
- 泡打粉 …………… 1/2小勺

(1/6个)
☑ 含糖量 4.7克
☑ 热量 47千卡

脂肪 1.6克/蛋白质 2.7克

做法

1

把南瓜去皮、切成一口大小放入耐热碗里。轻轻覆盖一层保鲜膜后用微波炉加热2~3分钟,直至南瓜变软,然后用叉子等工具弄碎。

2

南瓜碗中加入低脂奶搅拌,然后加入**A**的所有材料一起充分搅拌。

3

将第3步搅拌好的液体倒入磅蛋糕模具里,把表面弄平整,撒上南瓜籽仁做装饰。

4

用烤面包机烤5分钟左右,烤到变色后覆盖一层铝箔纸再烤15分钟。

- ⭑ 蛋糕面团是用“直接法”制作的。“直接法”是一种一次性加入所有材料的搅拌方法。因为使用的是很细的豆渣粉,所以不用过筛,非常方便。
- ⭑ 烤完后,拿竹签在蛋糕中间扎一下,如果竹签上没有粘上东西就是已经烤好了。

用豆渣粉和白玉粉塑造口感，
实现低糖低热量

草莓大福

存放时间
冷藏
1天

材料 （2个）

红豆馅
- 水……………………1大勺
- 砂糖、红豆沙粉……………………各2大勺

大福面团
- 水……………………2大勺
- 豆渣粉、白玉粉……………………各1大勺
- 砂糖……………………1/2小勺

马铃薯淀粉（防粘用）……………………1/2小勺左右
草莓……………………2个

（1个）
☑ 含糖量 9.7克
☑ 热量 53千卡
脂肪 0.5克/蛋白质 1.5克

做法

1 把红豆馅的所有材料放进耐热碗里搅拌，不用包裹保鲜膜，直接在微波炉里加热30~40秒，然后不断地搅拌直至变得顺滑。

2 把大福面团的所有材料放入另一个耐热碗里充分搅拌，轻轻覆盖一层保鲜膜后，用微波炉加热1分钟。加热后拿出来搅拌一下，再次用微波炉加热30秒后继续搅拌均匀。

3 垫上一层保鲜膜，撒上防粘的马铃薯淀粉，从第2步制作好的材料中，取1/2的量按扁拉伸成圆形，再从第1步做好的红豆馅中，取1/2的量放上去包起来。

4 在上方留一个切口，把草莓塞进去。然后用同样的方法做完另一个。

- 虽然可以把红豆馅中的砂糖换成其他甜味剂，但如果是含有赤藓糖醇的甜味剂，在冷冻的时候可能会出现结晶，从而导致口感变得粗糙，请注意这一点。
- 红豆馅经过冷藏后会丢失水分，变得比刚加热的时候硬。如果变硬了的话，请添加少许水，按自己的喜好调整一下硬度。
- 白玉粉可以用马铃薯淀粉来代替，但是草莓大福的含糖量会稍微升高一点。

希望大家记住的制作甜点的窍门

这里收集了制作甜点零失败的小窍门。
还收录了许多希望大家记住的，能把甜点做得更可爱的技巧。

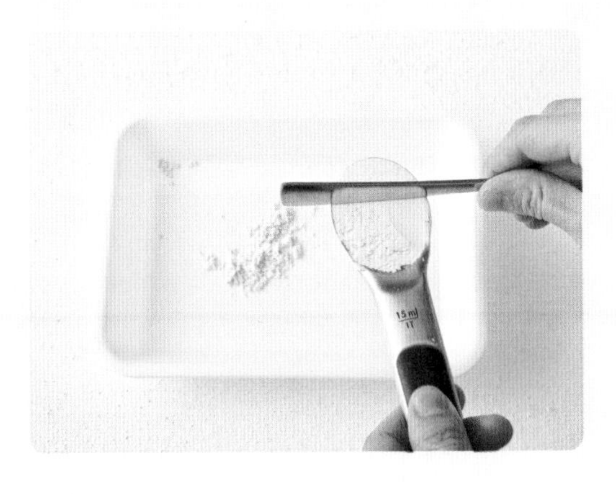

用盛满后再刮平的方式进行测量

制作材料的重量，哪怕只是增减了1克，甜点的口感和完成程度都会发生变化。本书的配方为了使制作甜点变得尽可能的简单，因此考虑了用大勺、小勺、量杯去测量材料的重量。使用大勺、小勺的时候，如果舀得像小山堆一样多，或者相反地舀得太少了，都会对甜点的完成程度造成影响，请一定要用盛满后再刮平的方式进行测量。

蛋糕面糊拿去加热前要先让模具“咚咚”地落下几次

把材料搅拌好倒入模具后，要让模具从10厘米左右的高度 “咚咚”落下几次，排出中间的大气泡。大气泡排出后，蛋糕就不容易出现大空洞，就会烤得很均匀。

切蛋糕前要用热水加热一下刀子

第18页的奶油蛋糕、第24页的蒙布朗、第52页的萨赫蛋糕等，在切这些裱花蛋糕的时候，每切一下就要用热水加热一下刀子，轻轻擦干后再切，这样就能切出漂亮的断面。如果觉得这样太麻烦的话，每切一下就用厨房纸之类的东西擦一下刀子，擦完再去切吧。

使用吉利丁前要先用水泡开

吉利丁要先用水泡开后才能拿去加热使用。浸泡时，水的分量需要是吉利丁的5倍。如果水的分量少了，或者泡发时间太短，吉利丁就会结块，请注意这一点。

使用了吉利丁的甜点要焐热模具后才能取出

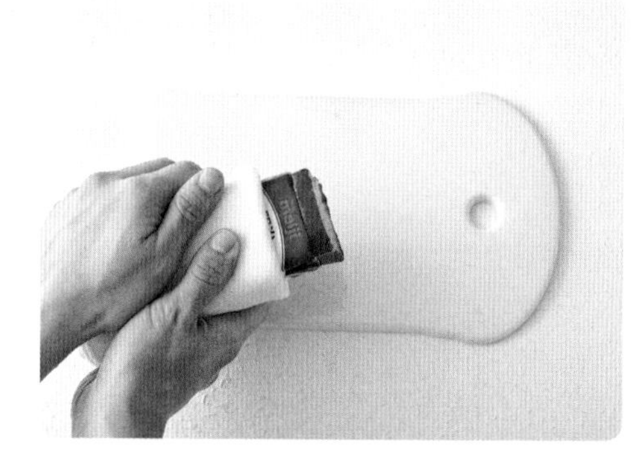

像第48页的法式巧克力冻派等使用了吉利丁的甜点，脱模时，要先用热毛巾等工具加热一下模具，如此一来，吉利丁会稍微软化，更容易从模具中取出甜点。

使用琼脂前要先煮沸至完全溶解

琼脂有一种特性，不充分煮化就不会凝固，因此需要先用微波炉加热2分钟左右或用煮锅煮沸，完全地煮化琼脂是非常重要的步骤。

使用琼脂的甜点，事先得把模具弄湿

事先用水把模具内侧弄湿后再倒入琼脂材料，待琼脂凝固后就能轻松地从模具中取出，非常方便。

PART 2

人气巧克力配方

只要吃一次就会上瘾的巧克力甜点。
这里介绍的都是些会让人不断回味的甜点。
使用了高可可含量的巧克力，
可以不用在意糖分，放心地吃。

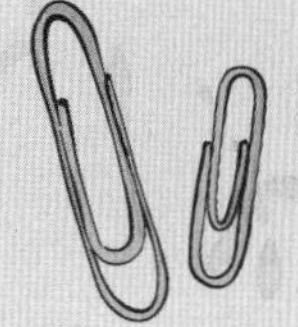

摩卡松露巧克力和生巧克力

柔和的咖啡香味，
属于大人的松露巧克力

摩卡松露巧克力

（4个）
☑含糖量 5.3克
☑热量 108千卡

脂肪 7.1克 / 蛋白质 3.6克

材料（约为18个）

绢豆腐……………1盒（150克）
A | 高可可含量的巧克力…………………………12片
　| 朗姆酒……………1小勺
速溶咖啡粉…………1小勺
可可粉（无糖）…………适量

用豆腐代替生奶油
减少热量

生巧克力

（8个）
☑含糖量 9.2克
☑热量 191千卡

脂肪 12.7克 / 蛋白质 6.5克

材料（400毫升的长方形带盖耐热容器·约为20个）

绢豆腐……………1盒（150克）
A | 高可可含量的巧克力…………………………12片
　| 朗姆酒……………1小勺
可可粉（无糖）…………适量

做法

（摩卡松露巧克力、生巧克力通用）

1. 把绢豆腐放进碗里，不断地搅拌直至变得顺滑。
2. 把**A**的材料放进另一个耐热碗里，不用包裹保鲜膜，直接放入微波炉加热1~2分钟，然后搅拌均匀。

〔制作摩卡松露巧克力〕

3. 把第1步搅拌好的豆腐还有速溶咖啡粉一起加进第2步的材料中，并进行搅拌，完成后放冰箱里冷藏3小时以上，直至冻成固体。
4. 把做好的巧克力做成一口大小的小圆球，并撒上可可粉。

〔做生巧克力〕

3. 把第1步搅拌好的豆腐加进第2步的材料中，充分搅拌后倒入铺了保鲜膜的耐热容器里，把表面弄平整后，放冰箱里冷藏3小时以上，直至冻成固体。
4. 切成一口大小的小块，并撒上可可粉。

* 不管是哪一个巧克力配方，豆腐的颗粒越细口感就越好，所以在第1步的时候做好充分搅拌吧。

即便是麻烦的泡芙面团，
也只需要简单搅拌后拿去烤就能完成

巧克力手指泡芙

材料〔椭圆形铝箔纸杯（8.8厘米长、4厘米宽、2.3厘米高）·3个〕

泡芙面团
- 鸡蛋……………………1个
- 蛋黄酱……………2小勺
- 杏仁粉……………2小勺

卡仕达酱
- 低糖香草冰激凌……………1个（120毫升）
- 豆渣粉……………2小勺

表面装饰
- 高可可含量的巧克力…………………………3片
- 开心果碎（有的话可加）…………适量

（1个）
- ☑ 含糖量 3.4克
- ☑ 热量 120千卡

脂肪 9.7克 / 蛋白质 4.4克

做法

1. 把泡芙面团的材料放进耐热碗里充分搅拌，然后倒入涂了薄薄一层食用油（分量外※）的铝箔纸杯中，用烤面包机烤20分钟。烤完后不要打开烤面包机，让面团在里面自然放凉。

2. 把卡仕达酱的材料放进耐热碗里，不用包裹保鲜膜，直接在微波炉里加热30秒后取出搅拌，然后再次加热1.5~2分钟，取出后不断地搅拌直到变得黏稠。放入冰箱冷藏30分钟左右。

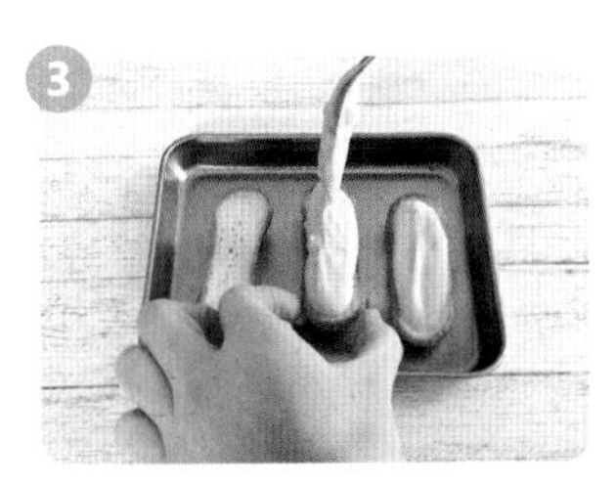

3. 把第1步做好的泡芙皮横着对半切开，挤压中间做出一个凹陷，把第2步做好的卡仕达酱涂上去后再合起来。

4. 把做表面装饰用的巧克力放进耐热容器里加热1~2分钟，然后涂抹到第3步做好的泡芙上，再装饰一点开心果碎即可。

- ⋆ 直到放凉为止都不要打开烤面包机，这是让泡芙皮不塌陷的小窍门。
- ⋆ 如果家里没有椭圆形的铝箔纸杯，可以把普通的圆形铝箔纸杯折一下，做成椭圆形。
- ⋆ 在第3步中，如果泡芙皮的底部不稳定，请薄薄地切掉一层。

※分量外指的是配方所需材料中没有提到，但是制作时仍然必不可少的材料。——译者注

用豆腐
缔造醇厚口感

古典巧克力蛋糕

用微波炉就能做！

存放时间 冷藏 2天

材料（500毫升圆形带盖耐热容器·1个）

A
- 鸡蛋……………………1个
- 绢豆腐……………………1盒（150克）
- 甜味剂（这里用的是代糖）……………………3大勺

B
- 可可粉（无糖）、豆渣粉…………各2大勺

做法

1. 往耐热容器中依次放入**A**、**B**材料，搅拌到适当程度后，把表面弄平整，然后让容器“咚咚”地落下几次排出空气。
2. 轻轻地盖上盖子，放入微波炉里加热5分钟。先把容器倒扣暂时取出蛋糕，然后再次把容器套到蛋糕上，放冰箱里冷藏半天左右。
3. 取出容器，最后撒上可可粉装饰（分量外）。

* 把蛋糕放在冰箱里冷藏半天左右，可以让蛋糕变得更加紧实、美味。
* 容器底部很容易出现没有完全搅拌的情况，搅拌时请注意。

（1块）

☑含糖量 2.6克

☑热量 136千卡

脂肪 11.5克/蛋白质 4.6克

即使上面布满巧克力，

吃再多也不会产生罪恶感的司康饼

巧克力司康饼

材料（6块）

A
- 杏仁粉……………8大勺
- 豆渣粉……………4大勺
- 甜味剂（这里用的是代糖）、
- 无盐黄油………各2大勺
- 泡打粉……………1小勺

B
- 搅匀的蛋液……1个鸡蛋
- 低脂奶……………2大勺
- 高可可含量的巧克力
- ……………………………6片

做法

1. 把**A**的材料放进保鲜袋里，捏碎黄油后，充分揉捏面团直至变得光滑。
2. 将巧克力切碎成大颗粒，把**B**的材料添加到第1步做好的面团中，搓揉均匀，从袋子上方把面团压成约为2厘米厚的圆形，放冰箱里静置30分钟。
3. 从袋子里取出第2步做好的面团，切成6等份，放到铺了油纸的烤盘上，然后用烤面包机烤到变色为止，盖上一层铝箔纸再烤10~15分钟。

⭑铺油纸的时候，请注意油纸不要超出烤面包机烤盘的边缘。

只要搅拌好就能拿去烤，
10分钟就能制作完成的曲奇

大颗粒巧克力曲奇

用烤面包机
就能做！

存放时间

常温
2天

冷藏
3天

冷冻
2周

配方花絮

想做出低糖低热量的、跟某连锁咖啡品牌店里卖的一样的大颗粒巧克力曲奇！使用豆渣粉、加鸡蛋、不加鸡蛋……做了种种尝试。尽管刚烤好的时候是好吃的，冷掉后却变得苦涩，把嘴里的水分都夺走了，屡试屡败。这时候，以前当过西点师的婶婶来找我玩，于是便跟她讨论，按照她给的建议，成功地烤出了非同一般的美味曲奇。

材料（2块）

A
- 杏仁粉……………4大勺
- 低脂奶……………1大勺
- 甜味剂（这里用的是代糖）……………1大勺
- 泡打粉…………1/2小勺

高可可含量的巧克力……………3片

做法

1. 把A的材料放入碗中并充分搅拌，然后加入切成大颗粒的高可可含量的巧克力继续搅拌。
2. 将第1步中做好的面团分成两等份，捏揉成手掌大小的圆形，放到铺了油纸的烤盘上。
3. 用烤面包机烤3~5分钟，直至烤出淡淡的焦黄色，放凉即可。

小窍门

* 面团在烘烤的时候会膨胀，摆放的时候请留出间隔。
* 铺油纸的时候，请注意油纸不要超出烤面包机烤盘的边缘。

（1块）

☑ 含糖量 9.4克

☑ 热量 121千卡

脂肪 10.1克 / 蛋白质 3.8克

用茅屋奶酪
做出低热量的奶油

巧克力派

材料（直径7.5厘米的烤碗·4个）

海绵蛋糕

- 鸡蛋……1个
- 杏仁粉、低脂奶……各2大勺
- 甜味剂（这里用的是代糖）……2小勺
- 泡打粉……1/2小勺

奶油

- 茅屋奶酪……2大勺
- 甜味剂（这里用的是代糖）……1小勺

做脆皮层的巧克力

- 高可可含量的巧克力……10片
- 色拉油……1小勺

做法

1. 把做海绵蛋糕的材料放进碗里充分搅拌，分别倒入1/4的量到各个烤碗里。
2. 不用包裹保鲜膜，按每次放2个的节奏，将烤碗放进微波炉里加热1.5~2分钟，烤好后从烤碗里取出蛋糕。
3. 把做奶油的材料放进碗里充分搅拌，取第2步做好的蛋糕，用刀横着对半切开，把奶油夹在中间。
4. 在耐热容器中放入做脆皮层用的巧克力，用微波炉加热1~1.5分钟，并充分搅拌，然后涂在第3步做好的奶油夹心蛋糕的侧面和上面，放入冰箱冷藏。

★ 关于第4步的做法，如果家里有网筛，可以把蛋糕放在网筛上面涂巧克力，这样做出来的效果会更漂亮。

直接用纸牛奶盒做模具，
要洗的东西也很少哦

法式巧克力冻派

材料（6片）

吉利丁……………… 1袋（5克）
水………………………… 1大勺
A | 可可粉（无糖）、朗姆酒……………………各2小勺
B | 低脂奶……1盒（200毫升）
高可可含量的巧克力……………………12片
可可粉（无糖）……………适量

做法

1. 把吉利丁放入水中泡开。把牛奶盒贴近顶部的那层纸垂直切掉。
2. 把A的材料放入耐热碗里充分搅拌，然后加入B的材料继续搅拌。搅拌完后，不需要包裹保鲜膜，直接放入微波炉里加热4分钟。
3. 从微波炉中取出第2步做好的材料，加入第1步泡开的吉利丁并充分搅拌，轻轻地倒入洗好了的牛奶盒里，放冰箱里冷藏4小时以上直至冻成固体。
4. 从牛奶盒中取出巧克力冻派，最后撒上可可粉做装饰。

* 用纸牛奶盒做模具的时候，因为要最大限度地把材料放进去，所以请把顶部切到最边缘的地方。
* 不同微波炉的水分蒸发率不一样，所以可能会出现残留少量材料的情况。
* 如果出现了不好从纸盒里取出来的情况，用热毛巾等工具包裹纸盒便能使吉利丁稍微软化，变得更容易取出。
* 切的时候，每次都用热水把刀子热一下，这样巧克力冻派就不容易粘上去，切起来很轻松。

（1个）

☑ 含糖量　4.1克

☑ 热量　47千卡

脂肪 1.6克 / 蛋白质 4.2克

加热一下、搅拌一下、冷藏一下，就做好了！
甜味剂的量可以按自己喜好添加

巧克力布丁

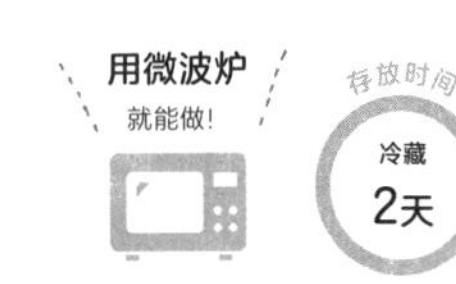

材料（直径7.5厘米的烤碗·2个）

吉利丁 ………… 1/2袋（2.5克）

水 ………………………… 1大勺

A
- 甜味剂（这里用的是代糖） ………… 1大勺
- 可可粉（无糖）、低脂奶 ………… 各1大勺

B
- 低脂奶 ………… 100毫升

做法

1. 把吉利丁放入水中泡开。
2. 把**A**的材料放入耐热碗内充分搅拌，然后加上**B**的材料一起搅拌，轻轻覆盖一层保鲜膜后，放进微波炉里加热2分钟。
3. 从微波炉中取出第2步做好的材料，加入第1步泡开的吉利丁充分搅拌，倒入烤碗后放冰箱里冷藏3小时以上，直至冻成固体。

给人留下高热量印象的甜甜圈，
也能只烘烤不油炸，变得营养又健康

经典巧克力甜甜圈

存放时间

材料（4个）

无盐黄油（室温解冻）……2大勺
甜味剂（这里用的是代糖）……1大勺

A
- 搅匀的蛋液……1个鸡蛋
- 豆渣粉、杏仁粉……各3大勺
- 低脂奶……2大勺
- 泡打粉……1/2小勺

高可可含量的巧克力……2片

（1个）
☑含糖量 2.0克
☑热量 121千卡

脂肪 10.5克/蛋白质 4.2克

做法

1 把黄油和甜味剂放入碗中，不断地搅拌直至变成奶油状。把**A**的材料加入其中，迅速搅拌直至粉粒消失，然后包裹上保鲜膜，放进冰箱里静置15分钟左右。

2 从冰箱取出面团，搓圆后分成4等份，并在中间开孔，做出甜甜圈的形状，放在铺了油纸的烤盘上，用筷子等工具在表面上划出圆形的沟槽。

3 用烤面包机烤12~15分钟，直至烤成焦黄色。

4 把弄碎的高可可含量的巧克力放入耐热容器中，不用包裹保鲜膜，直接用微波炉加热1.5~2分钟使之融化，然后涂到第3步烤好的甜甜圈上。

- 请先在手上沾点水再去揉面团、做出形状。
- 因为面团不含有麸质和黏合剂等，所以在揉捏成形的时候可能会出现开裂，但只要用力按压就会黏合在一起。
- 在第3步看起来好像要烤焦的时候，可以覆盖一层铝箔纸再去烤。

连感觉很难做的萨赫蛋糕，
也可以只用微波炉就能简单做出来

萨赫蛋糕

（1/4个）

☑含糖量 10.1克

☑热量 75千卡

脂肪 2.9克 / 蛋白质 4.4克

材料（500毫升圆形带盖耐热容器·1个）

海绵蛋糕

- 鸡蛋……………………1个
- 低脂奶、甜味剂（这里用的是代糖）、豆渣粉、可可粉（无糖）、朗姆酒（有的话可加）……………………各1大勺
- 泡打粉…………1/2小勺

杏子果酱（低糖）……1大勺

淋面酱

- A 可可粉（无糖）、甜味剂（这里用的是代糖）……………………各2大勺
- A 低脂奶……………1大勺

低脂奶（后放）…………5大勺

吉利丁……………………1/2袋

水…………………………1大勺

做法

1 把海绵蛋糕的材料放入耐热容器中充分搅拌，让容器“咚咚”地落下几次排出空气，不用包裹保鲜膜，直接放进微波炉里加热2分钟。

2 把第1步做好的海绵蛋糕倒扣脱模，横着对半切开后涂上杏子果酱再合上，放冰箱里冷藏1小时以上。

3 在耐热碗里放入淋面酱里**A**的材料，充分搅拌后加入后放的低脂奶搅拌均匀，然后不包裹保鲜膜直接放进微波炉里加热1.5~2分钟。

4 把吉利丁和水的混合物加入淋面酱中，并充分搅拌，从中间开始淋到第2步做好的蛋糕上，放入冰箱冷藏1小时以上即可。

配方花絮

※淋面是一种用巧克力酱或果酱等在甜点上形成涂层的方法，是一种使蛋糕表面闪闪发光的装饰手法。

小窍门

★ 关于第4步做法，如果家里有网筛，可以把海绵蛋糕放在网筛上面淋面，这样做出来的效果会更漂亮。滴落在网筛下的淋面酱，倒回耐热碗后用微波炉加热30秒左右就能再次使用。

(1个)
☑含糖量 0.7克
☑热量 10千卡

脂肪 0.8克/蛋白质 0.4克

用烤麸代替面包，
远比面包要低糖、低热量

巧克力脆

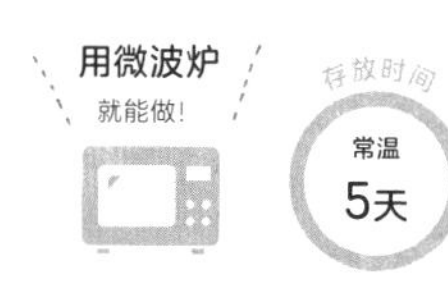

材料（14个）

烤麸（一口大小）…………14个
高可可含量的巧克力
……………………………5片

做法

1. 把干的烤麸放到耐热的碟子上，不用包裹保鲜膜，直接用微波炉加热30秒。
2. 在耐热碗里放入弄碎的高可可含量的巧克力，不用包裹保鲜膜，放入微波炉里加热1.5~2分钟后搅拌均匀。
3. 在搅匀的巧克力中加入第1步的烤麸搅拌，取出裹满巧克力的烤麸放在油纸上摆开，等待凝固。

烤麸脆脆的口感真好吃，
可以按喜好添加水果干

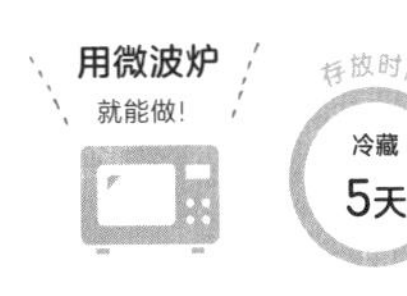

巧克力萨拉米

材料（约为10片）

烤麸（一口大小）……………………5个
高可可含量的巧克力………10片
A 低脂奶……………………2大勺
　朗姆酒……………………1小勺
混合干果……………………1大勺

做法

1. 把干的烤麸放到耐热的碟子上，不用包裹保鲜膜，用微波炉加热30秒后弄碎成人块。
2. 在耐热碗里放入弄碎的高可可含量的巧克力以及**A**的所有材料，不用包裹保鲜膜，直接放进微波炉加热1.5~2分钟。
3. 在第2步做好的巧克力液中加入混合干果和第1步的烤麸搅拌均匀，用保鲜膜包裹成圆柱形，放入冰箱冷藏1小时以上，凝固后切成圆片。

只需3步，搅拌完拿去烤就行

把巧克力换成蓝莓或者草莓也可以

巧克力碎玛芬蛋糕

用烤面包机就能做！

存放时间：常温 2天 | 冷藏 3天 | 冷冻 2周

材料〔厚款铝箔纸杯（6号）·4个〕

A
- 鸡蛋……………………1个
- 杏仁粉……………4大勺
- 甜味剂（这里用的是代糖）……………………1大勺
- 泡打粉…………1/2小勺

高可可含量的巧克力………………………………4片

做法

1. 把**A**的所有材料放入碗里充分搅拌。
2. 将第1步搅拌好的液体分别倒进4个铝箔纸杯中，把弄碎的高可可含量的巧克力放进去。
3. 用烤面包机烤3分钟左右，烤到变色了就盖上一层铝箔纸再烤5分钟。

* 纸杯和硅胶杯在高温烘焙下有可能会燃烧，所以请不要在烤面包机中使用。

蛋糕面团和奶油都是巧克力风味，
跟香蕉非常搭配

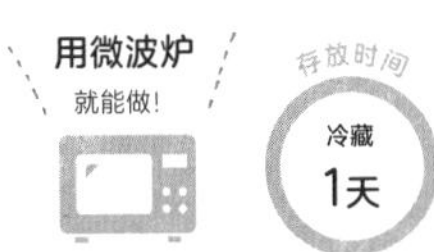

巧克力香蕉欧姆雷特蛋糕卷

材料（500毫升的圆形带盖耐热容器·5块）

欧姆雷特蛋糕卷面团

- 鸡蛋……………………1个
- 低脂奶……………2大勺
- 豆渣粉、可可粉（无糖）、色拉油、蜂蜜……………………各1大勺
- 泡打粉…………1/2小勺

奶油

- 生奶油……………3大勺
- 甜味剂（这里用的是代糖）……………………2小勺
- 可可粉……………1小勺

表面装饰香蕉……………1根

做法

1. 把欧姆雷特蛋糕卷面团的材料放入耐热容器中充分搅拌，让容器“咚咚”地落下几次排出空气，轻轻盖上盖子，放进微波炉里加热3分钟。
2. 倒扣脱模取出蛋糕坯，趁热横切成5片，用保鲜膜紧紧裹住后散热放凉。
3. 把奶油的材料放入保鲜袋中，保持袋内充满空气并封口后摇动，做成奶油内馅。
4. 把第3步做好的奶油涂在第2步做好的蛋糕坯上，再轻轻地对折一下，放上切成圆片的香蕉，像包糖果一样用保鲜膜包紧，然后放冰箱里冷藏1小时以上。

小窍门

* 加热前让容器“咚咚”落下排出空气就不容易产生大的气泡，可以让欧姆雷特蛋糕卷的质地变得细腻。
* 第2步中用保鲜膜裹住，可以让蛋糕坯变得更紧实、不容易裂开。
* 豆渣粉做的欧姆雷特蛋糕卷容易裂开，所以让我们薄薄地切成5片吧。
* 如果第1步中的耐热容器的盖子不耐热，可以轻轻地覆盖一层保鲜膜。

希望大家记住的烹饪工具的使用窍门

接下来将介绍如何灵活使用烤面包机、微波炉、保鲜袋等烹饪工具和相关注意事项，以及一些希望大家记住的窍门。

巧妙使用烤面包机的方法

不要使用硅胶或纸质的模具

硅胶模具和纸质模具在高温烘焙下，有熔化、燃烧的可能性，所以请不要在烤面包机中使用。

油纸不要铺得超出烤盘边缘

油纸有可能会燃烧，所以铺在烤盘或模具上的时候请不要超出边缘。也可以用市面上贩卖的铝箔纸代替油纸，不用担心会燃烧，非常方便。

盖一层铝箔纸防止烤焦

烤面包机上层的火力很强，烤到一定程度后，可以在热源和甜点之间盖一层铝箔纸再烤，如此一来可以防止烤焦，能烤得跟烤箱的一样漂亮。

巧妙使用微波炉的方法

不要使用金属模具

微波炉会发射微波，铝之类的金属接触到微波后会产生电流导致放电，放电部位会起电火花。这会成为火灾的原因，或者是导致微波炉故障的原因，所以请不要使用金属模具。

用微波炉对多个甜点加热时要空出中央

微波炉里的边缘位置比中央位置受到的微波照射更强，为了防止出现加热不均匀的情况，加热多个甜点时，就让我们空出中央，以同等的间隔距离摆放好再去加热吧。

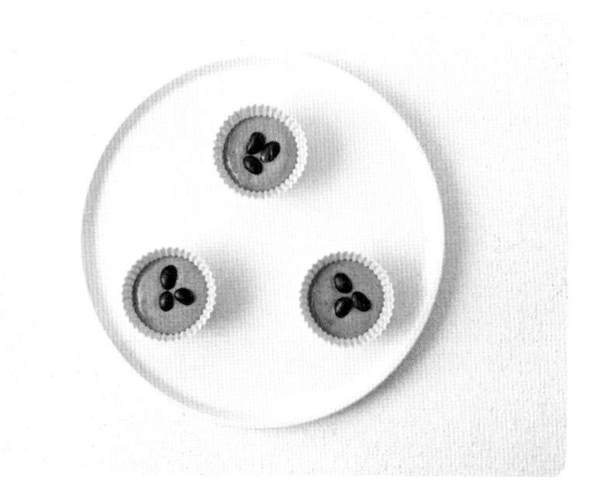

巧妙使用保鲜袋、拉链密封袋的方法

保鲜袋、拉链密封袋是万能的道具

制作奶油内馅或者蛋白霜的时候，保鲜袋、拉链密封袋可以用来代替裱花袋，像第79页介绍的草莓雪葩的做法中，可以用来放入材料并进行揉捏，然后直接静置。即使手上没有做甜点的工具，只要有保鲜袋和拉链密封袋，就能实现各种各样的灵活运用。

PART 3

诱人的蛋糕配方

这一部分是外表可爱，
味道也非常讲究的蛋糕配方。
都是些做起来绝不会失败的甜点。
适合庆祝、招待或当礼物送人，
在各种场景中都能做到
活跃气氛、让人满意，
请尝尝看吧！

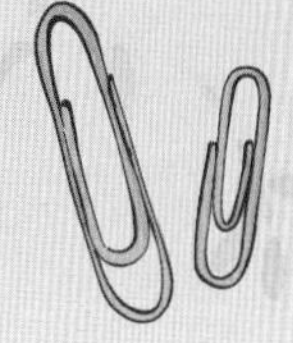

降低热量，
用希腊酸奶代替奶油奶酪

舒芙蕾芝士蛋糕

（1/4个）

☑含糖量 3.2克

☑热量 150千卡

脂肪 9.8克/蛋白质 12.9克

材料（1升的电饭煲 · 1个）

A	蛋清……………………4个 甜味剂（这里用的是代糖） ……………………4大勺
B	蛋黄……………………4个 希腊酸奶（无糖） ………………2盒（226克） 豆渣粉…………4大勺

做法

1 把A的所有材料放进碗里打发，直到可以拉出小尖角。

2 在另一个碗里放入B的所有材料并充分搅拌，再把第1步打发的蛋白霜分两次加入，并迅速混合在一起。

3 把混合好的材料倒入电饭煲的内胆里，之后让内胆“咚咚”地落下几次排出空气。按照正常的煮饭模式煮好后，再启动保温模式保温1小时，然后放凉。

4 用手轻轻地把蛋糕和内胆侧壁分开，把内胆反扣在一个大一点的碟子上取出蛋糕。

小窍门

* 手动打发蛋白霜时，先把蛋清放到冰箱里冷冻10~15分钟以后再打发，或者把蛋清放入保鲜袋中，然后保持袋内充满空气并封口后摇动，这样可以使打发更容易。
* 判断烘烤完成的标准是，拿竹签在蛋糕中间扎一下，如果竹签上没有粘东西就是已经烤好了。
* 要等余热散去、蛋糕的水分稳定以后，再用手轻轻地把蛋糕和电饭煲内胆侧壁分开并倒扣取出，这样就能漂亮脱模。

焦糖的微苦
和苹果的甘甜是最佳搭配

法式苹果挞

材料（直径7.5厘米的烤碗·2个）

苹果
…… 1/2个（去皮后的净重约为80克）

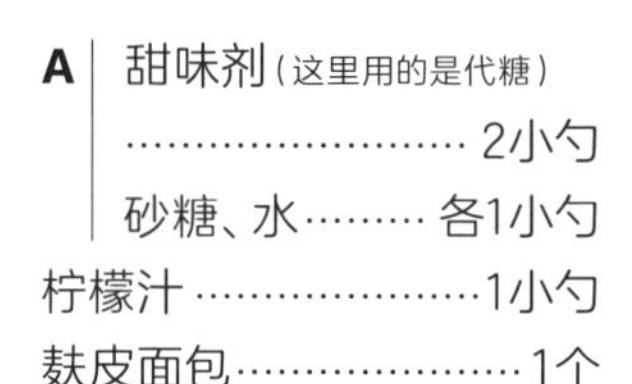

A | 甜味剂（这里用的是代糖）
…………………… 2小勺
砂糖、水……… 各1小勺

柠檬汁 ………………… 1小勺
麸皮面包 ………………… 1个

（1个）
☑ 含糖量 8.4克
☑ 热量 60千卡

脂肪 1.4克 / 蛋白质 2.6克

做法

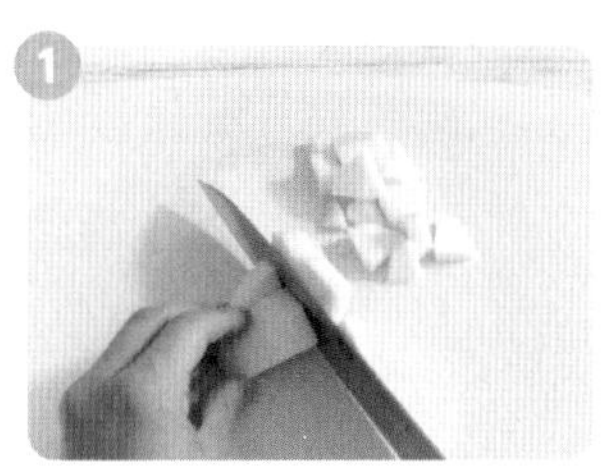

1. 把苹果削皮、切成一口大小，放入小锅里。

2. 加入**A**的所有材料搅拌均匀，用中火煮成焦糖色，添加第1步切好的苹果粒、柠檬汁，一边搅拌一边煮到水分挥发完。

3. 在2个烤碗里铺一层保鲜膜，分别倒入第2步煮好的苹果粒。把横切的麸皮面包放在上面，用保鲜膜包裹好后，往下压一压调整形状。

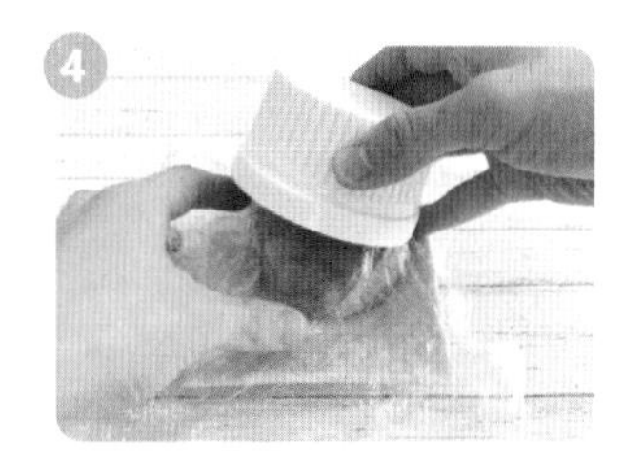

4. 放进冰箱冷藏2小时左右，然后从模具中取出。

* 单凭低糖甜味剂是无法制作出焦糖的，所以用了少量的砂糖。

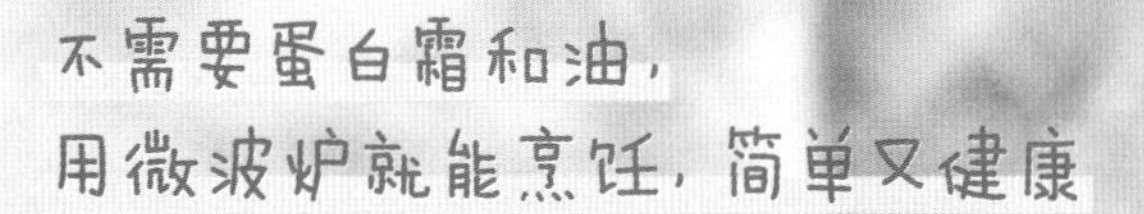

橙子戚风蛋糕

（1/6个）

☑ 含糖量 7.6克

☑ 热量 70千卡

脂肪 2.5克 / 蛋白质 3.8克

材料〔4号纸质戚风蛋糕模具（直径12厘米）·1个〕

戚风蛋糕

- 鸡蛋……………………2个
- 低脂奶…………… 5大勺
- 豆渣粉、橙子果酱（低糖）……………………各3大勺
- 泡打粉……………1小勺

表面装饰

- 希腊酸奶（无糖）……………………… 2大勺
- 橙子果酱（低糖）……………………… 1大勺

做法

1

把戚风蛋糕的材料放入碗里，充分搅拌直至变得顺滑。

2

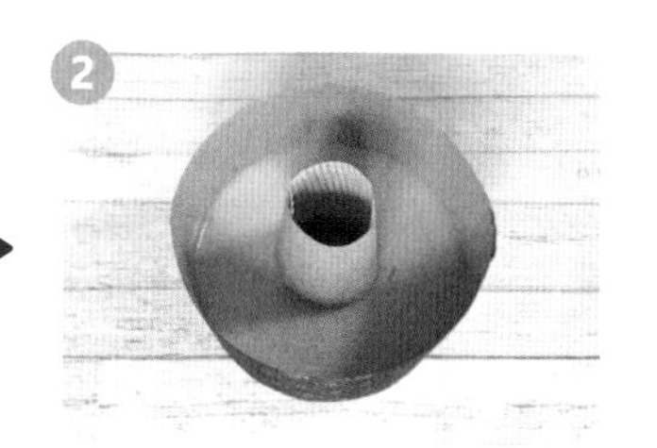

将第1步做好的蛋糕糊倒入模具里，让模具“咚咚”地落下几次排出空气。

3

不用包裹保鲜膜，直接放进微波炉里加热5~5.5分钟，然后倒扣放凉。

4

拿掉纸质模具，在蛋糕上方涂上希腊酸奶，再涂上果酱做装饰即可。

配方花絮

小窍门

* 使用纸质模具时，液体材料有可能会从模具的连接缝里漏出去，所以一倒入材料就请尽快拿去加热。
* 让模具落下几次排出空气，就会烤得很均匀。
* 即使不做第4步的表面装饰，光是蛋糕也足够好吃。

营养健康
使用了低脂奶和希腊酸奶

免烤蓝莓酥粒芝士蛋糕

用微波炉就能做！

存放时间 冷藏 2天

材料〔容量100毫升（装满为150毫升）的耐热布丁杯·2个〕

吉利丁……1袋（5克）
水……1大勺

糕体

A
低脂奶……6大勺
甜味剂（这里用的是代糖）……2大勺
柠檬汁……1小勺

B
希腊酸奶（无糖）……1盒（100克）
蓝莓（冷冻）……14颗

低糖曲奇……2块

做法

1. 把吉利丁放入水中泡开。
2. 把**A**的所有材料放入耐热碗内充分搅拌，轻轻覆盖一层保鲜膜后用微波炉加热2分钟。
3. 取出第2步做好的材料，依次加入第1步的吉利丁和**B**的所有材料，搅拌均匀，分别倒入2个布丁杯中，然后放冰箱里冷藏2小时以上直至冻成固体。
4. 撒上弄碎的低糖曲奇即可。

用低糖杏仁粉
代替面粉

周末柠檬磅蛋糕

用烤面包机 就能做!

存放时间：常温 2天 | 冷藏 3天 | 冷冻 2周

材料

〔铝箔纸材质的磅蛋糕模具(13.5厘米长、8.5厘米宽、4.3厘米高)·1个〕

蛋糕面团

- 鸡蛋……………………1个
- 杏仁粉…………… 7大勺
- 低脂乳…………… 2大勺
- 柠檬汁、蜂蜜……………………各1大勺
- 泡打粉………… 1/2小勺

表面装饰

- 白巧克力… 1/4块(10克)
- 开心果碎…………适量

做法

1. 在磅蛋糕模具里涂一层薄薄的油(分量外)。
2. 把蛋糕面团材料放入碗内充分搅拌直至变得顺滑，倒入第1步的模具里，让模具“咚咚”落下几次，排出空气。
3. 将模具放入烤面包机烘烤，变色后盖一层铝箔纸再继续烤20分钟，放凉等余热散去后脱模。
4. 把白巧克力放入耐热碗中，不用包裹保鲜膜，用微波炉加热1~1.5分钟使之融化，然后涂在第3步做好的蛋糕表面，装饰上碎的开心果碎。

* 此配方使用了把面团材料一次性全部放入碗中搅拌的“直接法”，为了避免结块，请认真仔细地搅拌好。
* 考虑到与柠檬的搭配，所以配方使用了蜂蜜，也可以替换成自己喜欢的甜味剂。
* 不使用白巧克力也很好吃。

(1个)

☑ 含糖量 6.3克

☑ 热量 144千卡

脂肪 11.1克 / 蛋白质 3.0克

添加了酸奶的夹心奶油馅，

让热量变得更低

马里托佐※

材料（4个）

圆面包

- 搅匀的蛋液……………………1个鸡蛋
- 杏仁粉……………………………3大勺
- 豆渣粉、水、马铃薯淀粉…… 各2大勺
- 甜味剂（这里用的是代糖）…………1大勺
- 泡打粉……………………………1小勺
- 盐…………………………………1小撮

奶油

- 生奶油……………………………4大勺
- 甜味剂（这里用的是代糖）…………2大勺
- 柠檬汁……………………………1小勺

希腊酸奶（无糖）……………………3大勺

※马里托佐是一种意大利的传统面包点心，圆圆的面包中夹着厚厚的奶油馅。——译者注

做法

1. 把圆面包的材料放进碗里充分搅拌，在手上沾点水，把面团分成4等份并搓圆，然后放在铺了油纸的烤盘上。
2. 用烤面包机烤3分钟左右，表面变色后盖上一层铝箔纸再烤10分钟，放凉散热。
3. 在碗里放入制作奶油的材料，打发得有点硬后加入希腊酸奶搅拌。
4. 把第2步做好的圆面包斜着切开，夹上第3步做好的奶油，然后把奶油的表面抹平。

小窍门

★ 在生奶油里加入柠檬汁，有助于蛋白质凝固，一瞬间就能把奶油打发好。

★ 把面包的口子切得深一点就能夹住满满的奶油。做起来比较难的话，把口子切到一半深再去夹住奶油也是可以的。

用了大量黄油和杏仁粉，
质地湿润美味可口

红茶磅蛋糕

存放时间

冷藏 3天

材料

〔铝箔纸材质的磅蛋糕模具
（13.5厘米长、8.5厘米宽、4.3厘米高）·1个〕

蛋糕面团

- 无盐黄油、甜味剂（这里用的是代糖）……各2大勺
- 搅匀的蛋液……1个鸡蛋

A
- 杏仁粉……7大勺
- 低脂奶……2大勺
- 泡打粉……1/2小勺
- 红茶（茶包里的茶叶）……1袋

做法

1. 把黄油和甜味剂放入碗里，不断搅拌直至变成奶油状，加入少许搅匀的蛋液，充分搅拌直到变得顺滑。
2. 加入**A**的所有材料并充分搅拌，倒入涂了一层薄油（分量外）的磅蛋糕模具里，把表面弄平整，然后让模具从上方“咚咚”落几下，排出空气。
3. 放入烤面包机烘烤，表面变色后盖上一层铝箔纸再烤20~25分钟，放凉散热。

小窍门

* 因为面团本身含较多油，觉得麻烦的时候可以不给模具涂油，不涂油也能漂亮脱模。
* 刚做好的磅蛋糕固然好吃，用保鲜袋包着放一晚，水分被吸收后会变得更加好吃哦。

专栏
#3

希望大家记住的制作甜点的窍门

这里将介绍一些制作甜点的窍门。搜集了一些只要记住，就会很方便的技巧，让大家可以零失败地制作那些容易失败的面团、蛋白霜，甚至是奶油内馅。

零失败奶油内馅的制作方法

制作时加入柠檬汁

加入柠檬汁后，生奶油中含有的蛋白质就会凝固，一瞬间就能把奶油内馅做好。

制作时加入果酱

虽然这次的配方中没有用到，但是用果酱去制作奶油内馅也很方便。加入果酱后，果酱中所含的果胶会对生奶油起作用，奶油内馅马上就能做好。果酱可以按自己的喜好去选择。

量少的时候可以通过摇保鲜袋的方式制作

只想打发少量奶油的时候，可以把材料放入保鲜袋中，保持袋内充满空气，封口后迅速摇动，如此一来就能迅速地做好奶油内馅。

▼

只要把保鲜袋的一角剪掉，就可以直接当做裱花袋使用，非常方便。

可以冷冻奶油内馅

容易用剩的生奶油，只要做成奶油内馅了，就能冷冻保存。可以用来放在饮料上，也可以加入水果一起冷冻做成冰激凌，可以灵活地应用在各种食物的制作中。

零失败蛋白霜的制作方法

打发前
先用冰箱冷藏

打发前先用冰箱冷藏蛋清10~15分钟（如果完全冻住了，就难以打发，请注意这一点），蛋清黏度就会变高，能持续保持在稳定状态，液体变少，打发起来也更容易。

在保鲜袋里
放入蛋清和甜味剂一起摇

把蛋清和甜味剂一起放入保鲜袋中，用手揉搓使蛋清被完全打散，直到变成顺滑状态后便封口摇动，这样就能完成。

能够制作出完美面团的"直接法"

只需要放入所有材料
搅拌即可

制作甜点的面团时，搅拌材料有全蛋打发法、分蛋打发法、糖油法※等各种各样的方法，而直接法则是一种把所有材料一次性混合搅拌均匀的方法，无论是谁都能简单制作出面团的方法。本书的蛋糕配方几乎都是采用这种方法来制作面团。

※全蛋打发法指不分离蛋清蛋黄，将全蛋液与糖一起放在容器内打发的方法。分蛋打发法指蛋清蛋白分别打发，最后才混合到一起的打发方法。糖油法指先将黄油和糖搅拌打发，再依次加入其他材料的打发方法。——译者注

PART 4

幸福的清凉甜点和咸味点心配方

可以满足时不时就会产生的
“想吃清凉甜点或者咸味点心”冲动的配方。
是可以充当饭后点心和小零食的糕点，
让人感到满满的幸福。

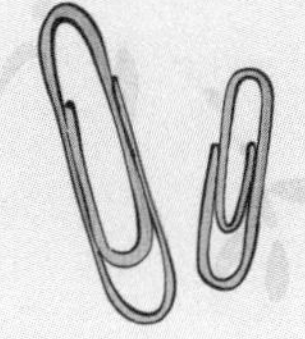

减少糖分，用极少的砂糖
就能做出来的焦糖酱

布丁

（1个）

☑含糖量　7.3克

☑热量　80千卡

脂肪 3.3克 / 蛋白质 6.0克

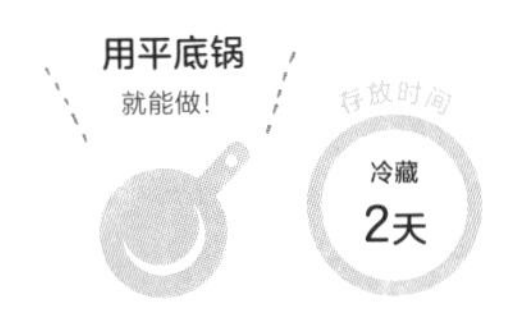

材料〔容量100毫升（装满为150毫升）的耐热布丁杯·2个〕

焦糖酱

A 砂糖……………1/2小勺
甜味剂（这里用的是代糖）、
水………………各1小勺

水（后放）…………………1小勺

布丁

B 鸡蛋…………………1个
低脂奶………150毫升
甜味剂（这里用的是代糖）
………………………1大勺
香草精（有的话可加）
………………………适量

做法

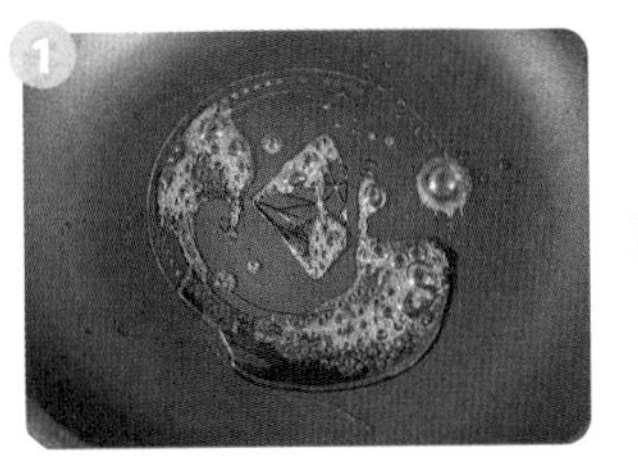

在平底锅内放入**A**的所有材料，用中火煮至浓郁的焦糖色后停火，加入后放的水搅拌均匀，分别倒进2个布丁杯中。

把**B**的所有材料放入碗中充分搅拌，然后一边过滤一边倒入布丁杯中，倒完后逐一用铝箔纸封盖。

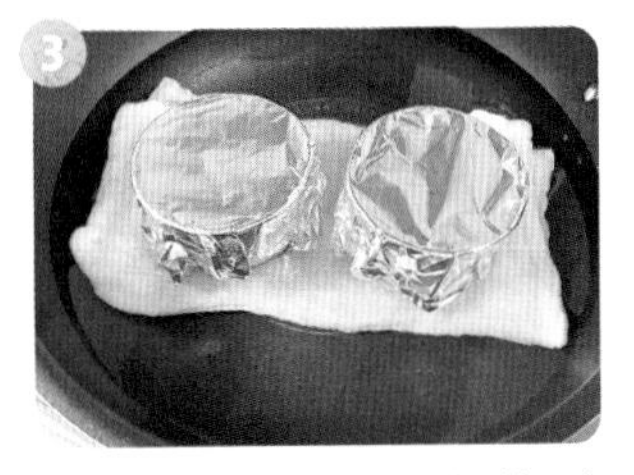

在平底锅中垫上毛巾，把第2步做好的布丁放上去，往锅里加水（分量外）到锅的2/3左右高，开中火煮至沸腾。

盖上锅盖，用小火加热8~9分钟，原封不动地放凉散热后，把布丁从平底锅中取出，放冰箱冷藏3小时以上即可。

小窍门

* 在第1步添加后放的水时，请小心液体溅出。
* 第2步的过滤工序虽然可以省略不做，但过滤可以使布丁口感更顺滑。
* 第4步的加热时间会因为容器的厚度而变化。用烤碗做模具的时候，花费的加热时间有时甚至超过一倍，所以请加热到即使摇晃一下模具，中间也不会晃动的状态。
* 脱模的时候，要用勺子在布丁边缘轻轻地压一圈，然后倒扣在碟子上，紧紧地按住碟子和布丁杯，迅速地转动身体，用离心力脱模。

甜味剂中加入蜂蜜，
打造顺滑口感

朗姆酒葡萄干冰激凌和香草冰激凌

材料

（400毫升的长方形带盖耐热容器・2人份）

A
- 甜味剂（这里用的是代糖）……2小勺
- 蛋清……2个

B
- 蛋黄……2个
- 蜂蜜……2小勺
- 香草精（有的话可加）……适量

［朗姆酒葡萄干冰激凌］
- 葡萄干……2小勺
- 朗姆酒……1小勺

做法

1. 把**A**的所有材料放入碗中打发，直到可以拉出小尖角。
2. 加入**B**的材料大概搅拌一下，倒入耐热容器，放冰箱里冷藏3小时以上。

［制作朗姆酒葡萄干冰激凌］

在上述第2步时加入葡萄干、朗姆酒一起搅拌，倒入耐热容器，放冰箱里冷藏3小时以上。

小窍门

* 手动打发蛋白霜时，先把蛋清放到冰箱里冷冻10~15分钟，再打发，或者是把蛋清放入保鲜袋中，然后保持袋内充满空气并封口后摇动，这样更容易起泡。
* 把蜂蜜换成甜味剂也是可以的，换成甜味剂时，口感会略粗糙。

(1人份)

☑ 含糖量 5.9克

☑ 热量 31千卡

脂肪 0.4克 / 蛋白质 1.7克

放在密封袋里揉捏揉捏就能做出来的雪葩
不需要清洗器具

草莓雪葩

材料（2人份）

草莓……………………12颗
低脂奶…………………4大勺
甜味剂（这里用的是代糖）
……………………………2小勺

做法

1. 把所有材料都放进带拉链的密封袋里揉捏，封口后放入冰箱冰冻1.5小时左右，取出后继续揉捏。
2. 再次放入冰箱里冰冻1小时左右。
3. 取出后继续揉捏，捏成圆球盛在餐具上即可。

* 本配方的甜度为少甜，请按照个人喜好去调整甜味剂的分量。

配合最新季节，
用喜欢的水果制作创意果冻

时令鲜果果冻

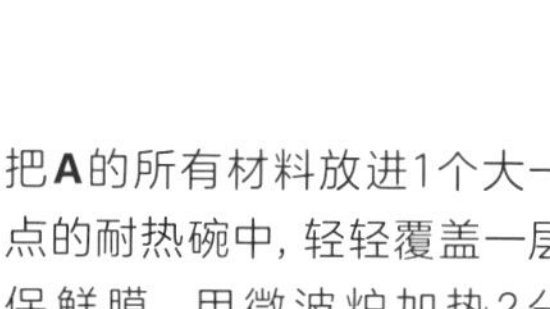

材料

〔容量100毫升（装满为150毫升）的玻璃杯·4个〕

喜欢的水果 …………………总共约200克

※本次使用的是草莓、橙子、猕猴桃。

A
- 水 ………………200毫升
- 白葡萄酒（有的话可加）、甜味剂（这里用的是代糖） …………………各2大勺
- 琼脂……………1/2小勺

做法

1. 水果洗净后切成1口大小，分别放入玻璃杯中。
2. 把**A**的所有材料放进1个大一点的耐热碗中，轻轻覆盖一层保鲜膜，用微波炉加热2分钟，从微波炉取出后搅拌一下，再次加热2分钟。
3. 散热放凉，待变得黏稠后倒入玻璃杯中，放进冰箱里冷藏3小时以上，直至冻成固体。

这里推荐的当季水果，春天有草莓、橙子、猕猴桃，夏天有蓝莓、覆盆子、凤梨，秋天有麝香葡萄、梨子、无花果，冬天有柚子、蜜柑、苹果等水果。琼脂要彻底煮化才能凝固，所以请确保微波炉的加热时间。另外，琼脂煮沸时容易溢出，请使用大一点的碗。

（1人份）
☑含糖量 4.6克
☑热量 142千卡
脂肪13.2克/蛋白质2.8克

添加生奶油，
打造浓郁味道

意式奶冻

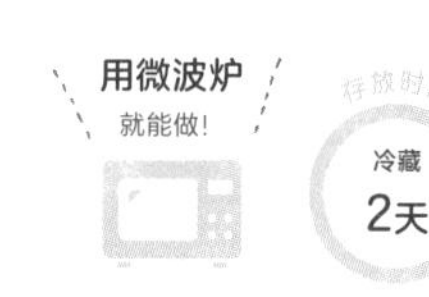

材料（直径7.5厘米的烤碗·2个）

吉利丁 ………… 1/2袋（2.5克）
水 ………………………… 1大勺

A
生奶油、低脂奶 …………………各4大勺
甜味剂（这里用的是代糖）………………………… 1大勺
香草精（有的话可加）………………………… 适量

表面装饰
低糖果酱（有的话可加）………………………… 适量

做法

1. 把吉利丁放入水中泡开。
2. 在耐热碗里放入**A**的所有材料并搅拌均匀，轻轻覆盖一层保鲜膜，用微波炉加热2分钟后加入第1步泡好的吉利丁充分搅拌。
3. 倒入烤碗，放进冰箱里冷藏3小时以上，直至冻成固体，放上自己喜欢的果酱做装饰。

★在意热量的话，把生奶油的量减半也是可以的。

不用杏仁霜，用杏仁精就能轻松完成的一道甜点

杏仁豆腐

材料〔容量100毫升（装满为150毫升）的耐热布丁杯·2个〕

吉利丁 ………… 1/2袋（2.5克）
水 ………………………… 1大勺
A
低脂奶 ………… 200毫升
甜味剂（这里用的是代糖）……………… 1大勺
杏仁精 ……………… 适量
枸杞子（有的话可加）…… 适量

做法

1. 把吉利丁放入水中泡开。
2. 在耐热碗里放入**A**的所有材料并搅拌均匀，轻轻覆盖一层保鲜膜，用微波炉加热2分钟后加入第1步泡好的吉利丁充分搅拌。
3. 倒入布丁杯，放进冰箱里冷藏3小时以上，直至冻成固体，按喜好放上枸杞子做装饰。

用酸奶做的简单冰激凌，
可以添加自己喜欢的水果或坚果一起享用

冻酸奶

存放时间
冷冻
2周

材料（400毫升的长方形带盖耐热容器·2人份）

A
希腊酸奶（无糖）…………………1盒（100克）
甜味剂（这里用的是代糖）……………………… 1大勺

橙子（切成圆片）……………2片
猕猴桃……………………1/4个

做法

1. 将**A**的所有材料混合一起，并进行充分搅拌。搅匀后倒入铺了油纸的耐热容器中，把表面弄平整。
2. 把自己喜欢的水果切成大块放上去，冷冻3小时左右。
3. 从冰箱取出冻好的酸奶，按自己喜欢的大小切块。

冻好的酸奶很容易融化，进行第3步切块时请尽快。

早餐也好、小吃也好，都很合适
能让肚子满意的蛋糕

法式咸蛋糕

(1/6个)

☑ 含糖量 1.4克

☑ 热量 69千卡

脂肪 5.0克 / 蛋白质 4.4克

材料〔铝箔纸材质的磅蛋糕模具（13.5厘米长、8.5厘米宽、4.3厘米高）·1个〕

A
- 鸡蛋……1个
- 杏仁粉……4大勺
- 低脂奶……3大勺
- 豆渣粉……2大勺
- 泡打粉……1/2小勺
- 盐、胡椒……各适量

火腿……2片

毛豆粒（冷冻）、做比萨用的马苏里拉芝士碎…各2大勺

做法

1. 把**A**的所有材料放入碗里搅拌至顺滑状态，然后加入用剪刀剪碎的火腿、解冻好的毛豆粒、做比萨用的马苏里拉芝士碎一起搅拌。

2. 将搅拌好的材料倒进磅蛋糕模具里，把表面弄平整。

3. 用烤面包机烤5分钟左右，表面开始变焦后盖一层铝箔纸，再继续烤15分钟。

* 如果使用的是细颗粒的豆渣粉，因为能与水充分融合不容易结块，可以不用过筛。
* 拿竹签在蛋糕中间扎一下，如果竹签上没有粘上东西就是已经烤好了。

拿去“叮”一下，
就能轻松完成的低糖面包

蒜香面包片

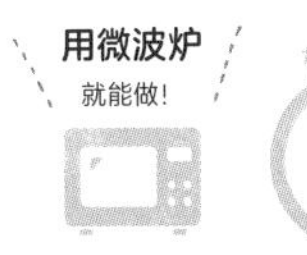

材料（约10片）

低糖麸皮面包……………1个

A | 有盐黄油………… 1大勺
蒜蓉…………………1小勺
欧芹碎 ……………… 适量

（1片）

☑ 含糖量 0.4克

☑ 热量 16千卡

脂肪 3.0克 / 蛋白质 0.6克

做法

1 把面包切成薄片，摆放在铺了油纸的耐热碟子上，放的时候要空出中央位置。

2 在耐热碗里放入**A**的所有材料，不用包裹保鲜膜，用微波炉加热30秒后搅拌均匀。

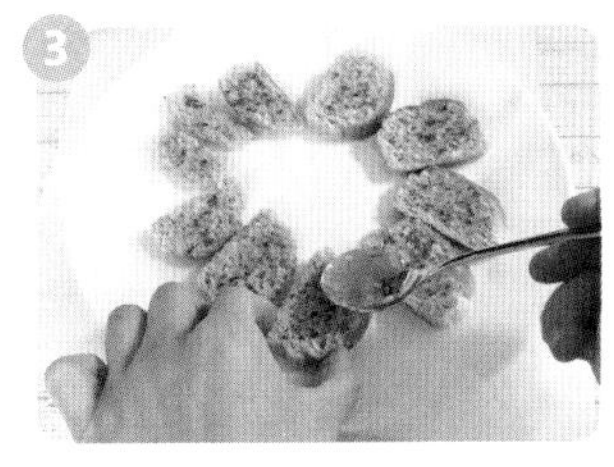

3 把第2步搅拌好的液体涂到第1步的面包上，不用包裹保鲜膜，用微波炉加热2~3分钟，直到表面烤得微微变色后放凉散热。

小窍门

* 第1步摆放的时候，只要空出中间位置就不容易出现受热不均匀的情况。
* 面包片刚加热好的时候会稍微有点软，放凉后就会变得很酥脆。
* 此配方是蒜香口味，还可以放上芝士粉、蛋黄酱等调料，按个人喜好对配方进行改造。

不使用油的健康薯片
吃起来没有罪恶感

薯片

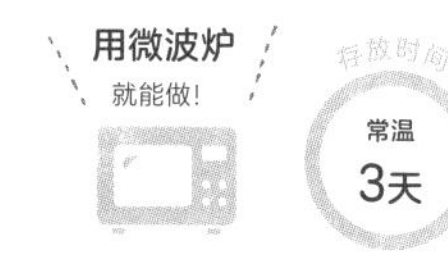

配方花絮

瘦身的时候，我的内心总是很纠结，经常会突然冒出“想吃有口感的东西”“身体渴望着垃圾食品”的想法。我的家人们非常喜欢吃“脆薯片”，要是看到他们在我眼前吃的话，就会产生轻微的“杀意”（笑）。有一天我突然灵感一闪，只要马铃薯在削片时削得足够薄，不用油去炸的话，也能做出健康薯片吗？于是马上开始动手尝试，终于做出了这款薯片。如此一来，即使家人们在我面前吃薯片，好像也能做到心情平静了。

材料（4人份）

马铃薯………1个（净重150克）
盐………………………………适量

做法

1. 把马铃薯尽可能地切薄。
2. 把切好的马铃薯片一片片分开摆放在铺了油纸的耐热碟子上，不要重叠（如果一次放不完的话，请分开几次放）。
3. 在摆好的马铃薯片上撒盐，不用包裹保鲜膜，用微波炉加热5~6分钟，直到烤得变色后放凉。

小窍门

* 刚加热好的时候会稍微有点软，放凉后就会变得很酥脆。
* 除了可以用盐来调味以外，还推荐使用调料包、芝士粉等进行调味。
* 除了马铃薯以外，把南瓜、胡萝卜、藕、红薯等切成薄片，也能做得好吃。

（1人份）

☑含糖量 2.3克
☑热量 19千卡

脂肪 0.0克/蛋白质 0.7克

味道咸咸甜甜，
当零食或下酒菜都可以

风味混合坚果

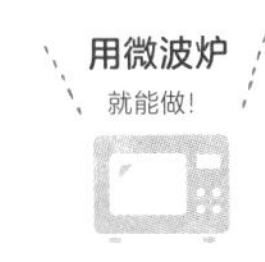

材料（4人份）

A
- 枫糖浆……………… 1大勺
- 盐………………………1小撮

B
- 无添加原味混合坚果………………………… 4大勺
- 黑胡椒、孜然粉……… 适量

做法

1. 把**A**的所有材料放入耐热碗里，不用包裹保鲜膜，用微波炉加热30秒。
2. 加入**B**的所有材料搅拌调味，摊开摆放在油纸上放凉。

（1人份）

☑ 含糖量 0.5克

☑ 热量 114千卡

脂肪 9.5克 / 蛋白质 8.3克

芝士和韩国海苔的完美搭配，
好吃到停不下手

常温
1天

芝士仙贝

材料（2人份）

芝士片……………………4片

韩国海苔…………………2片

做法

1. 在耐热碟子上铺一层保鲜膜后把芝士放上去，把韩国海苔放在芝士上面。
2. 不用包裹保鲜膜，用微波炉加热2~2.5分钟后放凉。

拿来做零食固然很好，撒在沙拉上也不错哦。

PART 5

无须烤箱的西式甜点配方

这里是不需要使用烤箱，
且做起来非常简单的西式甜点配方。
即使是需要烘烤的甜点，
也能用微波炉、烤面包机或者煎蛋器做，
可以零失败制作出想吃的甜点哦。

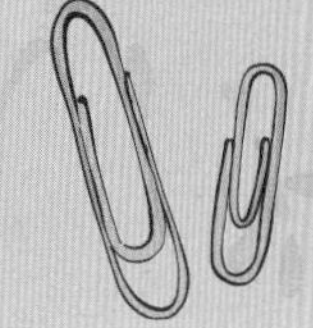

棉花糖和酸奶
变成了口感丝滑的奶油

草莓挞

材料〔硅胶杯（8号）·2个〕

挞皮面团

- 黄豆粉……………2大勺
- 低脂奶……………1大勺

奶油和表面装饰

- 棉花糖（一口大小）……………2颗
- 希腊酸奶（无糖）……………1大勺
- 草莓……………2颗

（1个）

- ☑ 含糖量 4.1克
- ☑ 热量 43千卡

脂肪1.6克/蛋白质2.6克

做法

1

把挞皮面团的材料放入碗中搅拌成一团，然后倒入硅胶杯中展开压平。

2

不用包裹保鲜膜，直接放进微波炉加热2分钟后把挞皮从杯中取出，倒扣放凉。

3

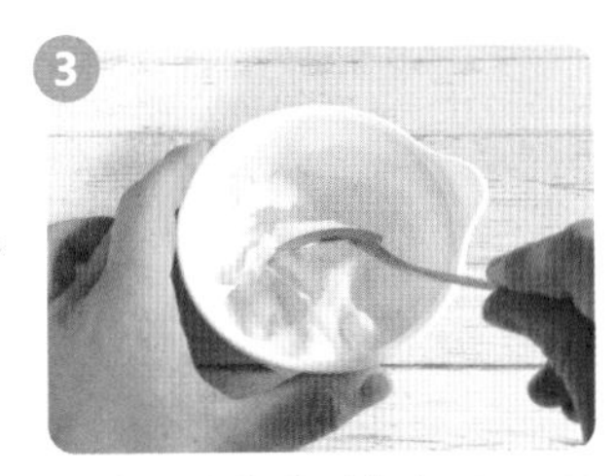

把棉花糖放进耐热容器，不用包裹保鲜膜，用微波炉加热10秒后加入酸奶迅速搅拌。

4

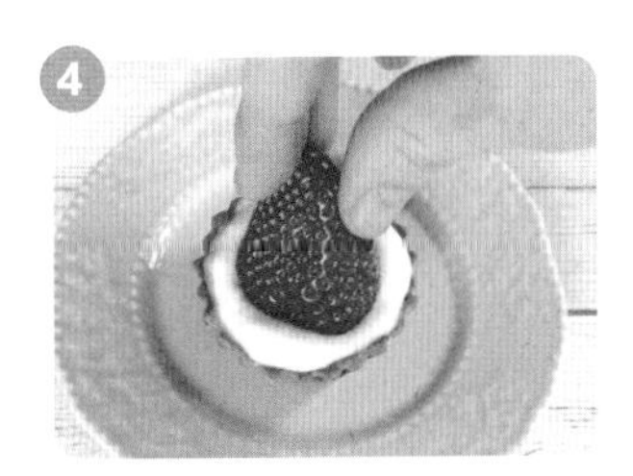

把第3步做好的馅料倒入第2步做好的挞皮里，用草莓（切不切都可以）装饰完后放冰箱里冷藏30分钟左右。

- ★ 虽然棉花糖仅含有极少糖分，如果还是介意的话，可以只用酸奶加上甜味剂来制作。
- ★ 除了草莓以外，用蓝莓、橙子等自己喜欢的水果来制作，同样很美味。

即便是麻烦的泡芙面团也只需搅拌就能做好！
剩下的就只需要用烤面包机去烤了

奶油泡芙

配方花絮

用烤面包机就能做，只需几步就可以做好的低糖低热量泡芙，不管是谁都能完成。在反复试做的时候，我突然想起了薄脆空心酥饼这种起源于美国的快速面包。是一种只要把面团材料搅拌好，再拿去烤就可以的简单甜点。通常用的都是面粉，我尝试用杏仁粉代替，结果大获成功。

材料〔厚款铝箔纸杯（6号）·3个〕

※只有薄款的话，请把2个套在一起使用。

泡芙面团

- 鸡蛋……………………1个
- 蛋黄酱、杏仁粉……………………各2小勺

奶油内馅

- 生奶油…………3大勺
- 甜味剂（这里用的是代糖）……………………2小勺
- 柠檬汁…………1/2小勺

做法

1. 把泡芙面团的材料放入碗中充分搅拌，倒入涂了一层薄薄的油（分量外）的铝箔纸杯中，用烤面包机烤20分钟。烤完后不需要打开烤面包机，直接在里面放凉。
2. 把奶油内馅的材料放入保鲜袋中，保持袋内充满空气并封口后摇动，做成比较硬的奶油内馅。
3. 将第1步做好的泡芙皮对半切开，夹住第2步做好的奶油馅即可。

小窍门

* 直到放凉为止都不要打开烤面包机，这是让泡芙皮不塌陷的一个小窍门。
* 在生奶油里加入柠檬汁，有助于蛋白质凝固，一瞬间就能把奶油打发好。
* 可以根据个人喜好，用第43页的巧克力手指泡芙中所使用的卡仕达酱或者是草莓等水果去做夹心。

（1个）

☑含糖量 1.3克

☑热量 112千卡

脂肪 11.0克 / 蛋白质 2.7克

用煎蛋器卷啊卷啊，

一瞬间就能做好的甜点

用煎蛋器
就能做！

存放时间
冷藏
3天

年轮蛋糕

材料（6块）

鸡蛋……………………………2个
低脂奶………………200毫升
杏仁粉…………………6大勺
豆渣粉、甜味剂（这里用的是代糖）
……………………………各4大勺
黄油（融化好的）…………2大勺
马铃薯淀粉……………2小勺
香草精（有的话可加）……适量

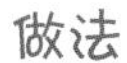

做法

1. 在碗里放入所有材料并充分搅拌。
2. 开中火加热煎蛋器，在煎蛋器里倒入约3大勺第1步做好的材料，要让材料铺满整个煎蛋器。
3. 变色后从一端开始卷起，再次倒入第1步做好的材料，不断重复直至材料用完，做成一个大大的圆柱状蛋卷。
4. 放凉后切成方便入口的大小即可。

小窍门

★ 只用豆渣粉的话，面团质地会变得容易裂开不好卷，所以加入了一点马铃薯淀粉。
★ 此配方用的是有表面涂层的煎蛋器，所以制作的时候没有事先涂油，如果担心的话，可以涂一层薄薄的油。

（1片）
☑ 含糖量 9.5克
☑ 热量 132千卡

脂肪 8.7克 / 蛋白质 4.0克

马铃薯淀粉让面团变得更柔软易卷，
口感软软糯糯的

巧克力香蕉可丽饼

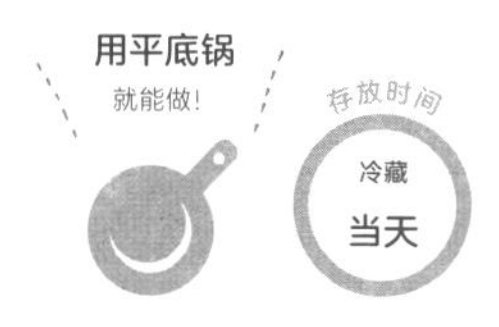

材料（4片）

面团

- 鸡蛋……1个
- 低脂奶……6大勺
- 豆渣粉……2大勺
- 甜味剂（这里用的是代糖）……1大勺
- 马铃薯淀粉……2小勺
- 香草精……适量

奶油内馅

- 生奶油……4大勺
- 甜味剂（这里用的是代糖）……2小勺
- 柠檬汁……1/2小勺

巧克力酱

- 低脂奶……1大勺
- 可可粉（无糖）……2小勺
- 甜味剂（这里用的是代糖）……2小勺

表面装饰香蕉……1根

* 煎可丽饼的时候，表面开始变干就是翻面的时机。
* 在生奶油里加入柠檬汁，有助于蛋白质凝固，一瞬间就能把奶油打发好。

做法

1. 在碗里放入面团的所有材料并充分搅拌。开小火加热平底锅，每次往锅里加入1/4的量，两面都要煎。
2. 把奶油内馅的材料放入碗中打发至8成发状态。
3. 在煎好的可丽饼的1/4处涂上第2步做好的奶油馅，放上切好的香蕉薄片，折叠成三角形。
4. 把巧克力酱的材料放入耐热碗中搅拌混合，不用包裹保鲜膜，用微波炉加热0.5~1分钟后浇在第3步做好的可丽饼上。

（1个）

☑含糖量　5.0克

☑热量　83千卡

脂肪 5.5克 / 蛋白质 4.0克

用市面上贩卖的低糖冰激凌重现
浓郁香醇的香草风味法式烤布蕾

用微波炉就能做！

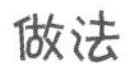

存放时间 冷藏 2天

法式烤布蕾

材料（直径7.5厘米的烤碗·2个）

低糖香草冰激凌……………………1个（120毫升）

鸡蛋……………………1个

砂糖……………………1小勺

做法

1. 在耐热碗里放入低糖冰激凌，不需要包裹保鲜膜，用微波炉加热30秒直至融化，打入鸡蛋充分搅拌后，分别倒入2个烤碗中。
2. 不需要包裹保鲜膜，将烤碗逐个放入微波炉里加热0.5~1分钟，直至表面稍微鼓起便马上取出，等余热散去后放进冰箱里冷藏3小时以上。
3. 在第2步做好的布蕾上撒上砂糖，用烤过的汤匙背面烫砂糖，使其变色焦化。

* 表面稍微鼓起便马上停止加热，这样可以打造出顺滑柔嫩的口感。

用市面上贩卖的低糖吐司面包做成千层酥的酥皮，减少糖分和热量

法式千层酥

材料（2个）

低糖吐司面包……………2片

A 黄油（融化好的）、
甜味剂（这里用的是代糖）
……………………各1小勺

卡仕达酱
低糖香草冰激凌
……………1个（120毫升）
豆渣粉……………2小勺

草莓（小颗）………………5颗

（1个）
☑含糖量 10.8克
☑热量 134千卡
脂肪 6.8克/蛋白质 6.0克

做法

1 把低糖吐司面包的面包边切下，用擀面杖等工具把面包擀薄伸展开，然后切成2等份，把A的所有材料搅拌混合好，并涂在切好的面包片上。

2 把第1步做好的面包片放在铺了一层油纸的耐热碟子上，注意摆放开并空出中间位置，不用包裹保鲜膜，用微波炉加热1~1.5分钟后放凉散热。

3 在耐热碗里放入做卡仕达酱的材料，不用包裹保鲜膜，用微波炉加热30秒后进行搅拌，然后再次放入微波炉里加热约2分钟，搅拌成黏稠状态后放进冰箱里冷藏约30分钟。

4 取1块第2步做好的酥皮，涂抹约一半第3步做好的卡仕达酱，放2颗对半切开的草莓，再往上面叠加1块酥皮。按同样的方式做好另1个。把剩下的卡仕达酱和草莓装饰在上方即可。

★摆放的时候只要空出微波炉的中间位置，就能够防止出现受热不均匀的情况，实现均匀上色。

把苹果放上去，减少派皮的使用量，
就能实现低糖低热量

苹果派

配方花絮

我的妈妈不擅长烹饪，至今为止制造了不少诸如煮得黏黏糊糊的谜一般的生拉面※，把锅里塞得满满当当、炸开了的蒸蛋糕。而这样的妈妈，唯一拿手的甜点就是苹果派。这个配方，把苹果直接放上去就可以了，上面没有覆盖派皮，所以糖分和热量都减少了。是一个能让我感受到即使非常繁忙也想给孩子做好吃东西的母爱的配方，也是我非常喜欢的苹果派配方。

※生拉面指的是用湿面条制作的拉面。——译者注

材料（6个）

派皮（冷冻）……………1片
苹果（小）……1/2个（净重80克）
甜味剂（这里用的是代糖）
……………………………1小勺

做法

1. 把派皮解冻，轻轻地伸展开并切成6等份，放在铺了油纸的烤盘上。
2. 苹果不用去皮，直接切成扇形薄片，放到派皮上，然后撒上甜味剂。
3. 用烤面包机烤15分钟。

小窍门

★ 可以根据个人喜好撒上肉桂粉，也很美味。

（1个）

☑含糖量 7.8克
☑热量 72千卡

脂肪4.3克/蛋白质0.9克

可以放心吃下去的、
没有罪恶感的玛德琳蛋糕

玛德琳蛋糕

存放时间

材料

〔厚款铝箔纸杯（6号）·8个〕
※只有薄款的话，请把2个套在一起使用。

蛋糕面团

- 鸡蛋……………………1个
- 杏仁粉……………4大勺
- 低脂奶、甜味剂（这里用的是代糖）、黄油（融化好的）……………………各1大勺
- 泡打粉…………1/2小勺

表面装饰

- 杏仁片（有的话可加）…………………………适量

做法

1. 把面团材料放入碗中充分搅拌。
2. 分别倒入8个铝箔纸杯中，把表面弄平整后将杏仁片放在上面。
3. 用烤面包机烤3分钟左右，变色后盖一层铝箔纸再烤10分钟。

* 因为是会膨胀的材料，所以在第2步倒入铝箔纸杯的时候，请不要放得太满。
* 泡打粉一旦加入马上就会开始起反应，所以请尽快拿去烘烤。

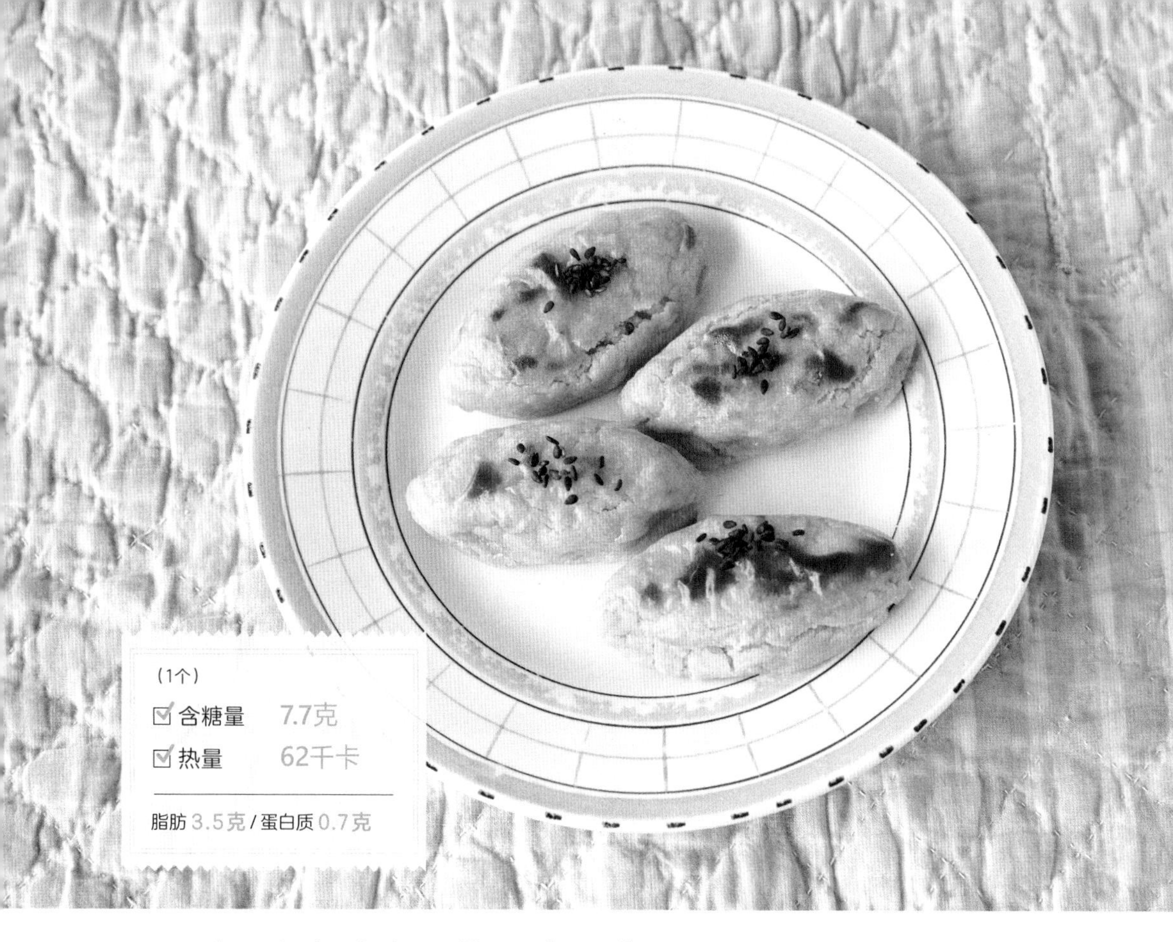

就连看上去高糖高热量的烤甜薯，
只要使用低脂奶就能一下子变得健康

用烤面包机
就能做！

存放时间
冷藏 3天
冷冻 2周

烤甜薯

材料（8个）

红薯
……1个（去皮后的净重约为200克）

A
- 无盐黄油……2大勺
- 低脂奶……1大勺
- 甜味剂（这里用的是代糖）……1大勺
- 香草精（有的话）……适量

显出光泽和表面装饰
- 蛋黄液……1个蛋黄
- 炒熟的黑芝麻……适量

做法

1. 把红薯去皮并放入水（分量外）中泡5分钟左右，然后把水倒掉，轻轻地包裹一层保鲜膜，用微波炉加热5分钟左右。
2. 碗中放入第1步加热好的红薯以及**A**的所有材料，一边弄碎一边搅拌混合，做成小船的形状后放在铺了油纸的烤盘上。
3. 表面涂上蛋黄液，撒上黑芝麻，用烤面包机烤7~8分钟，直至烤成焦黄色。

小窍门

* 铺油纸的时候，请注意不要超出烤面包机烤盘的边缘。
* 如果觉得做成小船的形状很麻烦，捏成一团直接拿去烤也是可以的。

PART 6

讲究的日式甜点配方

作为甜点爱好者
绝对不能错过的日式甜点配方。
这里收集的都是以能够展现出
日式甜点独特美味的配方。
请尽情享受，
与西式甜点截然不同的、
温暖安心的味道。

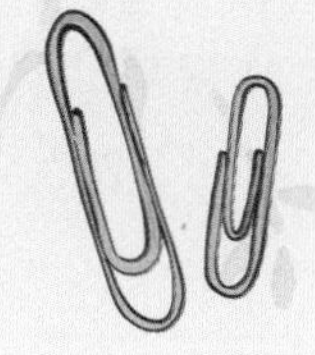

用微波炉就能马上做出来的简单点心，
拥有香喷喷的芝麻和酥脆的口感

芝麻花林糖

存放时间
常温
1周

材料（约8块）

棉花糖（一口大小）…………4个
炒熟的白芝麻………… 2大勺

做法

1 在耐热碗中放入所有材料，不用包裹保鲜膜，放进微波炉里加热1分钟后，用2把勺子迅速搅拌。

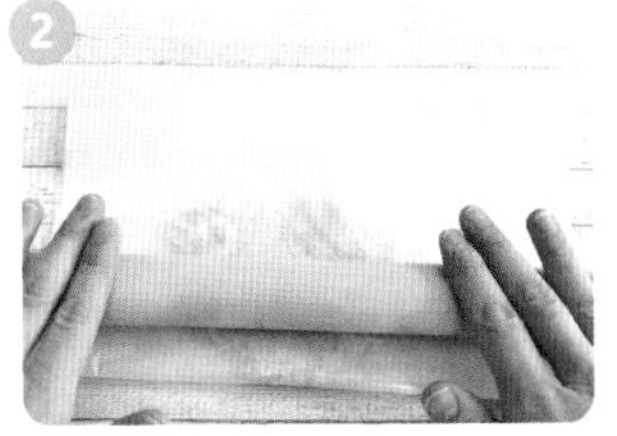

2 用油纸包裹住材料，拿擀面杖尽可能地擀薄，使其伸展开。

3 放凉后切成一口大小即可。

配方花絮

虽然很好吃，但热量高得离谱，花林糖！！
但是好喜欢♥
能不能想办法做出低热量的花林糖呢？
拿豆渣粉做，用微波炉加热呢？
怎么样？
干巴巴的
干巴巴的
噗嘶噗嘶
好难吃……
某一天
在试做别的甜点时
哎呀~棉花糖变硬了。
啊！！这不是能用嘛？！
哔哔啦啦
棉花糖大变身！
噢~
好吃！
爸
妈
真好吃♥
脆脆
酥酥
大受家人们好评！

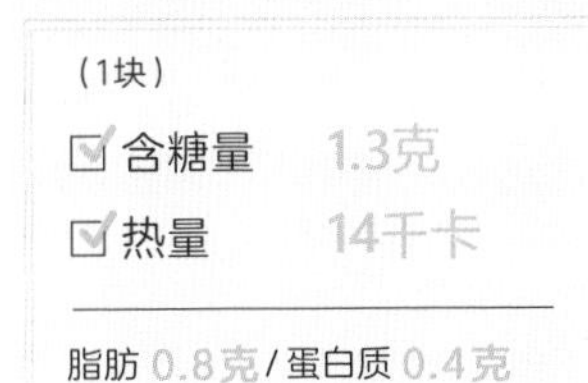
（1块）
含糖量 1.3克
热量 14千卡
脂肪 0.8克 / 蛋白质 0.4克

小窍门

★ 棉花糖加热后马上就会开始变硬，请尽快搅拌。用2把勺子一边把黏在一起的材料弄下来，一边进行搅拌吧。
★ 可以根据个人喜好，在制作时加入坚果碎，同样也很美味。

（1个）

☑ 含糖量　6.6克

☑ 热量　77千卡

脂肪 2.6克 / 蛋白质 7.4克

只需搅拌凝固就能做好，
散发着黄豆粉芳香的和风点心

用微波炉就能做！

存放时间　冷藏1天

黄豆粉奶冻

材料〔容量100毫升（装满为150毫升）的容器·2个〕

吉利丁 ………… 1/2袋（2.5克）
水 ………………………… 1大勺

奶冻

- 低脂奶 ………… 200毫升
- 黄豆粉、甜味剂（这里用的是代糖） ………… 各2大勺

表面装饰

- 煮好的红豆（无糖）、黄豆粉 ………… 各适量

做法

1. 把吉利丁放入水中泡开。
2. 在耐热碗里放入奶冻的所有材料，轻轻覆盖一层保鲜膜，用微波炉加热2分钟后加入第1步泡发的吉利丁充分搅拌。
3. 倒入容器中，放进冰箱冷藏3小时以上直至冻成固体。吃之前放上煮好的红豆，撒上黄豆粉即可。

★ 配方用了煮好的红豆做表面装饰，也可以淋上少量的黑糖蜜，同样很美味。

用豆腐和马铃薯淀粉打造顺滑口感，
令人上瘾的美味

用微波炉
就能做！

蕨饼

材料（约12个）

蕨饼

- 绢豆腐
  …………………1盒（150克）
- 砂糖、马铃薯淀粉
  ……………………各1大勺

表面装饰

- 黄豆粉……………3大勺
- 黑糖蜜（按喜好）…2小勺

做法

1. 在耐热碗中放入绢豆腐并用打蛋器弄碎，加入做蕨饼的剩余材料，不断搅拌直至变得顺滑。
2. 不用包裹保鲜膜，用微波炉加热2分钟后进行搅拌，然后再次用微波炉加热1分钟后搅拌。
3. 用勺子舀起一口大小的材料，抹上黄豆粉盛在容器里，按个人喜好淋上黑糖蜜。

在面团里加一点蜂蜜和酱油，
就和店里烤出来的一样

铜锣烧

存放时间

常温 1天 冷藏 3天 冷冻 2周

配方花絮

我爸爸的公司在生产铜锣烧，所以我在试做的时候，他会从斜上方投来热烈的视线，还有突然展示的窍门都让人感到非常炸裂。①加入马铃薯淀粉作为黏合剂，食物的口感会变好，而且烤的时候也容易翻面。②加入蜂蜜，烤出来的颜色会很漂亮。③加入酱油可以使味道更丰富。④把刚刚加热过的平底锅放在湿布上，再倒入材料，可以减少受热不均匀，等等。托爸爸的福，我烤出了跟专业人士一样的水平。

材料（3个）

红豆馅

- 煮好的红豆（市面上贩卖的·无糖）……………… 3大勺
- 甜味剂（这里用的是代糖）、水……………… 各1大勺
- 蜂蜜……………… 1小勺
- 盐……………… 1小撮

面团

- 鸡蛋……………… 1个
- 水……………… 4大勺
- 豆渣粉、甜味剂（这里用的是代糖）……………… 2大勺
- 马铃薯淀粉……1小勺
- 酱油、泡打粉、蜂蜜……………… 各1/2小勺

做法

1. 在耐热碗中放入红豆馅的材料，不用包裹保鲜膜，用微波炉加热1分钟，用叉子等工具粗略碾碎，再次用微波炉加热1.5~2分钟后进行搅拌，然后放凉。
2. 在碗中放入面团材料并充分搅拌。
3. 对有涂层的平底锅进行加热，将其暂时从火源处移开并放在湿布上，倒入略多于1大勺的第2步做好的面团材料，开小火烘烤，直至两面烤出焦黄色。
4. 一共烘烤完6块饼皮，分别用这些饼皮包夹住第1步做好的红豆馅。

（1个）

含糖量	7.1克
热量	80千卡

脂肪 2.6克/蛋白质 5.0克

小窍门

* 在第3步烘烤面团时，先把平底锅暂时放在湿布上，可以做出漂亮的烘烤效果。
* 因为没有添加麦麸，所以面团质地非常柔软，翻面的时候用平底锅铲轻轻地抬起一边，用手去托住另一边，就能很好地完成翻面。
* 如果只用含有赤藓糖醇的甜味剂去制作红豆馅的话，冷掉的时候口感就容易变得粗糙，所以添加了蜂蜜。对此在意的话，去掉蜂蜜也是可以的。

甜度不高且散发着抹茶清香，
用微波炉就能做，也适合当早餐

黑豆抹茶蒸蛋糕

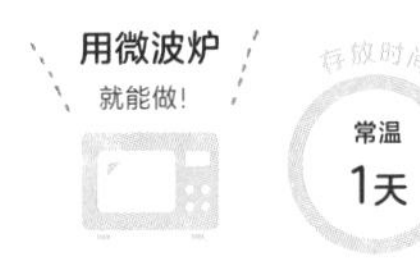

材料 〔硅胶杯（8号）·3个〕

A
- 鸡蛋……1个
- 豆渣粉……1大勺
- 甜味剂（这里用的是代糖）……4小勺
- 抹茶粉……2小勺
- 泡打粉……1/2小勺

蒸好的黑豆（市面上贩卖的·无糖）……3大勺

做法

1. 在碗里放入**A**的所有材料并充分搅拌，挑出9颗黑豆留下，把剩余的黑豆添加到碗里一起搅拌。
2. 将材料分别倒入硅胶杯中，把留下的黑豆放上去。
3. 摆在耐热碟子上并空出中间位置，不用包裹保鲜膜，用微波炉加热2分钟后放凉散热。

* 用微波炉加热的时候，只要空出中间位置就不容易出现受热不均匀的情况。

推荐给喜欢红薯的各位，
能够充分享受红薯风味的甜点

用微波炉就能做！

保存时间 冷藏 2天

红薯羊羹

材料（400毫升的长方形带盖耐热容器·1个）

红薯……1/2个（去皮后的净重约为200克）

A
- 水……150毫升
- 甜味剂（这里用的是代糖）……2大勺
- 琼脂……1/2小勺
- 盐……1小撮

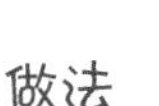

做法

1. 红薯去皮后放在水里泡约5分钟，然后把水倒掉，轻轻覆盖一层保鲜膜，用微波炉加热约5分钟后弄碎。
2. 把**A**的所有材料放入1个大一点的耐热碗里，轻轻覆盖一层保鲜膜，用微波炉加热2分钟，从微波炉中取出后进行搅拌，再次用微波炉加热2分钟。
3. 加入第1步的红薯充分搅拌，倒入事先用水沾湿的容器中，放进冰箱里冷藏1小时以上。

- 制作中使用了琼脂的甜点，如果事先把容器沾湿，取出时会更轻松。
- 琼脂必须彻底加热溶解才能凝固，所以在第2步中请一定要保证加热时间。另外，煮沸时容易造成溢出，请使用大一点的碗。

（1串）

☑含糖量 8.0克

☑热量 54千卡

脂肪 0.9克/蛋白质 2.2克

由白玉粉和豆渣粉所制成的团子实现了低糖

口感软软糯糯的

御手洗团子

用微波炉

就能做！

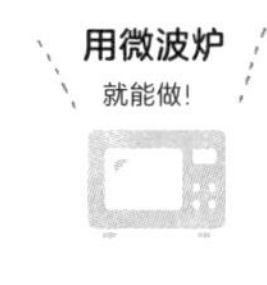

存放时间

常温

1天

材料（2串）

团子

- 水……………………4大勺
- 豆渣粉、白玉粉……………………各2大勺
- 甜味剂（这里用的是代糖）……………………1小勺

酱汁

- 水、甜味剂（这里用的是代糖）……………………各1/2大勺
- 酱油……………………1小勺
- 马铃薯淀粉……… 2小撮

做法

1. 把团子的材料放入耐热碗中充分搅拌，轻轻覆盖一层保鲜膜，用微波炉加热2分钟，不断搅拌直至变得黏稠。再次用微波炉加热1分钟，搅拌并放凉。
2. 在耐热容器中放入酱汁的材料，不用包裹保鲜膜，用微波炉加热1分钟后充分搅拌。
3. 沾一点水到手上，然后用手把第1步做好的材料分成一口大小的8等份，搓圆后插在签子上，最后浇上第2步做好的酱汁。

小窍门

* 根据个人喜好，先烤团子再浇酱汁也很美味。

图书在版编目（CIP）数据

吃不胖的魔法甜点 /（日）铃木沙织著；罗晓筠译
. —北京：中国轻工业出版社，2024.1
ISBN 978-7-5184-4251-5

I. ①吃… II. ①铃… ②罗… III. ①甜食—制作
Ⅳ. ①TS972.134

中国国家版本馆CIP数据核字（2023）第211939号

协助编集 株式会社 A·I

责任编辑：张 弘 责任终审：高惠京 整体设计：梧桐影
文字编辑：谢 兢 责任校对：朱燕春 责任监印：张京华
策划编辑：谢 兢

出版发行：中国轻工业出版社（北京鲁谷东街 5 号，邮编：100040）
印 刷：北京博海升彩色印刷有限公司
经 销：各地新华书店
版 次：2024年1月第1版第1次印刷
开 本：710 × 1000 1/16 印张：7
字 数：150千字
书 号：ISBN 978-7-5184-4251-5 定价：49.80元
邮购电话：010-85119873
发行电话：010-85119832 010-85119912
网 址：http://www.chlip.com.cn
Email: club@chlip.com.cn
如发现图书残缺请直接与我社邮购联系调换
221527S1X101ZYW